博碩文化

人工智慧

8堂 一點就通的基礎活用課

胡昭民、吳燦銘 著　ZCT 策劃

大數據與
AI的贏家
工作術

架構簡潔，結合淺顯概念，最佳入門首選

應用演練，引領讀者進一步融入 AI 情境

亮點主題，熟記關鍵知識，速懂人工智慧

章末習題，強化學習吸收，驗證理解成效

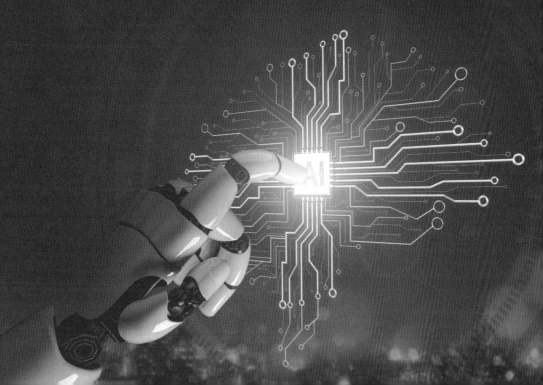

作　　者：胡昭民、吳燦銘 著、ZCT 策劃
責任編輯：Cathy

董 事 長：陳來勝
總 編 輯：陳錦輝

出　　版：博碩文化股份有限公司
地　　址：221 新北市汐止區新台五路一段 112 號 10 樓 A 棟
　　　　　電話 (02) 2696-2869　傳真 (02) 2696-2867

發　　行：博碩文化股份有限公司
郵撥帳號：17484299　戶名：博碩文化股份有限公司
博碩網站：http://www.drmaster.com.tw
讀者服務信箱：dr26962869@gmail.com
訂購服務專線：(02) 2696-2869 分機 238、519
（週一至週五 09:30 ～ 12:00；13:30 ～ 17:00）

版　　次：2021 年 3 月初版

建議零售價：新台幣 380 元
I S B N：978-986-434-742-1
律師顧問：鳴權法律事務所 陳曉鳴律師

本書如有破損或裝訂錯誤，請寄回本公司更換

國家圖書館出版品預行編目資料

人工智慧：8 堂一點就通的基礎活用課 / 胡昭
民，吳燦銘著 . -- 初版 . -- 新北市：博碩文
化股份有限公司，2021.03

面；　公分

ISBN 978-986-434-742-1(平裝)

1. 人工智慧

312.83　　　　　　　　　　　　110003434

Printed in Taiwan

歡迎團體訂購，另有優惠，請洽服務專線
博 碩 粉 絲 團　(02) 2696-2869 分機 238、519

序

　　人工智慧是電腦科學、生物學、心理學、語言學、數學、工程學為基礎的科學，由於記憶儲存容量與高速運算能力的發展，人工智慧未來一定會發展出來各種不可思議的能力。近十年來人工智慧的應用領域愈來愈廣泛，當然就是電腦硬體技術的高速發展，特別是 GPU 對 AI 有很大變革，使得平行運算的速度更快與成本更低廉，我們也因人工智慧而享用許多個人化的服務、生活變得也更為便利。

　　在遊戲開發過程中，人工智慧的應用更是廣泛，幾乎在所有遊戲中都有遊戲 AI 的存在，不過遊戲行業的 AI 較為人工化，而智慧程度也較一般產業所應用的 AI 為低，各位可以從我們身邊最常接觸的遊戲 AI 應用，逐步進入 AI 的異想世界。隨著網路技術和頻寬的發展，雲端計算（Cloud Computing）應用已經被視為下一波網路與 AI 科技的重要商機，大數據就像 AI 的養分，特別是人工智慧為這個時代的經濟發展提供了一種全新的能量，大數據是海量資料儲存與分析的平台，而 AI 是對這些資料做加值分析的最佳工具與手段。

　　另外有關機器學習更是整個 AI 領域中為商業產出貢獻最大價值的技術，不僅提升效率，更帶來商業模式與業務流程的創新，應用範圍從健康監控、自動駕駛、自動控制、醫療成像診斷工具、電腦視覺、工廠控制系統、機器人到網路行銷領域。尤其是近年來的「深度學習」（Deep Learning）技術的研究，讓電腦開始學會自行思考，也就是讓電腦具備與人類相同的聽覺、視覺、理解與思考的能力。

序

　　本書的寫作思維是以學習人工智慧 AI 入門者的角度，方便學習者
跟著本書所安排的章節架構，學會許多 AI 的知識點、原理與應用。這
些精彩的主題諸如人工智慧應用與種類、遊戲 AI 模式與演算法、雲端
運算與服務、Google 的 AI 雲端服務、邊緣運算與 AI、物聯網與 AI、大
數據到人工智慧、機器學習種類與步驟、機器學習的利器 TensorFlow、
圖像辨識、人臉辨識、智慧美妝、智慧醫療、智慧零售、智慧金融科
技、智慧欺詐檢測、智慧理財機器人、P2P 網路借貸、智慧零售、類神
經網路架構、手寫數字辨識系統、卷積神經網路（CNN）、遞迴神經網
路（RNN）、語音辨識、自然語言…等。

　　底下為本書各章精彩單元：

- 人工智慧的黃金入門課程

- 從電玩遊戲設計進入 AI 的奇幻世界

- 雲端運算與物聯網的 AI 智慧攻略

- 大數據與 AI 的贏家必勝工作術

- 一次弄懂機器學習的 AI 私房秘技

- 機器學習的 AI 創新搶錢商機

- 玩轉深度學習的 AI 解析秘笈

- 深度學習的 AI 創意吸睛應用實務

　　最後筆者希望各位在學習本書內容後，可以了解人工智慧的相關知
識及應用，雖然校稿時力求正確無誤，但仍惶恐有疏漏或不盡理想的地
方，誠望各位不吝指教。

目錄

| CHAPTER **3** |

雲端運算與物聯網的 AI 智慧攻略

| CHAPTER **4** |

大數據與 AI 的贏家必勝工作術

| CHAPTER **5** |

一次弄懂機器學習的 AI 私房祕技

| CHAPTER **6** |

機器學習的 AI 創新搶錢商機

| Chapter **7** |

玩轉深度學習的 AI 解析祕笈

| CHAPTER **8** |

深度學習的 AI 創意吸睛應用實務

1 人工智慧的
黃金入門課程

- ⊙ 認識人工智慧
- ⊙ 人工智慧發展史
- ⊙ 人工智慧的種類

　　電腦對人類生活的影響從來沒有像今天這麼無所不在，從現代人幾乎如影隨形般攜帶的智慧型手機，一直到美國國家海洋大氣總署（NOAA）研究人員用來計算與分析出全球海嘯動態的超級電腦（Supercomputer），這些都可以算是電腦的分身。人類自從發明電腦以來，便始終渴望著能讓電腦擁有類似人類的智慧，過去電腦只是個計算工具，雖然計算能力遠勝過人類，卻仍然還不具備人類所具備的智慧。電腦硬體的世代更替也同時造就了電腦軟體的蓬勃發展，同時使得人工智慧（Artificial Intelligence）漸漸地發展成為電腦科學領域中的一門顯學。

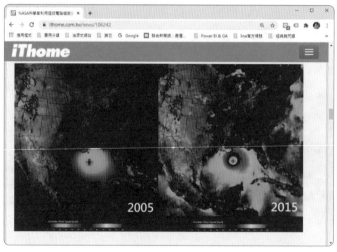

● NOAA 研究人員利用超級電腦模擬海嘯與颶風的路徑

圖片來源：https://www.ithome.com.tw/news/106242

TIPS

　　超級電腦（Supercomputer）是世界上速度最快、價值最高的電腦，每秒甚至可執行超過數十兆的計算結果。超級電腦的基本結構是將許多微處理器以平行架構的方式組合在一起，其主要使用者為大學研究單位、政府單位、科學研究單位等等。

「人工智慧」（Artificial Intelligence）主要就是要讓機器能夠具備人類的思考邏輯與行為模式，近十年來人工智慧的應用領域愈來愈廣泛，當然就是電腦硬體技術的高速發展，特別是「圖形處理器」（Graphics Processing Unit, GPU）等關鍵技術愈趨成熟與普及，運算能力也從傳統的以 CPU 為主導到以 GPU 為主導，這對 AI 有很大變革，使得平行運算的速度更快與成本更低廉，我們也因人工智慧而享用許多個人化的服務、生活也變得更為便利。

🔘 NVIDIA 的 GPU 在人工智慧運算領域中佔有領導地位

GPU 可說是近年來電腦硬體領域的最大變革，是指以圖形處理單元搭配 CPU 的微處理器，GPU 含有數千個小型且更高效率的 CPU，不但能有效進行平行處理（Parallel Processing），加上 GPU 是以向量和矩陣運算為基礎，大量的矩陣運算可以分配給這些為數眾多的核心同步進行處理，還可以達到高效能運算（High Performance Computing, HPC）能力，也使得人工智慧領域正式進入實用階段，藉以加速科學、分析、遊戲、消費和人工智慧應用。

TIPS

「平行處理」（Parallel Processing）技術是同時使用多個處理器來執行單一程式，藉以縮短運算時間。其過程會將資料以各種方式交給每一顆處理器，為了實現在多核心處理器上程式性能的提升，還必須將應用程式分成多個執行緒來執行。

「高效能運算」（High Performance Computing, HPC）能力則是透過應用程式平行化機制，在短時間內完成複雜、大量運算工作，專門用來解決耗用大量運算資源的問題。

1-1 　認識人工智慧

　　人工智慧的概念最早是由美國科學家 John McCarthy 於 1955 年提出，目標為使電腦具有類似人類學習解決複雜問題與展現思考等能力，舉凡模擬人類的聽、說、讀、寫、看、動作等的電腦技術，都被歸類為人工智慧的可能範圍。簡單地說，人工智慧就是由電腦所模擬或執行，具有類似人類智慧或思考的行為，例如推理、規劃、問題解決及學習等能力。

🔾 電影中的鋼鐵人與變形金剛未來都可能真實出現在我們身邊

　　微軟亞洲研究院曾經指出：「未來的電腦必須能夠看、聽、學，並能使用自然語言與人類進行交流。」人工智慧的原理是認定智慧源自於人類理性反應的過程而非結果，即是來自於以經驗為基礎的推理步驟，那麼可以把經驗當作電腦執行推理的規則或事實，並使用電腦可以接受與處理的型式來表達，這樣電腦也可以發展與進行一些近似人類思考模式的推理流程。

1-1-1 人工智慧的應用

　　AI 與電腦間地完美結合為現代產業帶來創新革命，應用領域不僅展現在機器人、物聯網（IOT）、自駕車、智慧服務等，甚至與數位行銷產業息息相關，根據美國最新研究機構的報告，2025 年人工智慧將會在行銷和銷售自動化方面，取得更人性化的表現，有 50% 的消費者強烈希望在日常生活中使用 AI 和語音技術，其他還包括蘋果手機的 Siri、LINE 聊天機器人、垃圾信件自動分類、指紋辨識、自動翻譯、機場出入境的人臉辨識、智能醫生、健康監控、自動控制等，都是屬於 AI 與日常生活的經典案例。

🔎 AI 改變產業的能力已經相當清楚

🔵 指紋辨識系統已經相當普遍

> **TIPS**
>
> 物聯網（Internet of Things, IOT）的目標是將各種具裝置感測設備的物品，例如 RFID、環境感測器、全球定位系統（GPS）、雷射掃描器等裝置與網際網路結合起來，在這個龐大且快速成長的網路系統中，物件具備與其他物件彼此直接進行交流，提供了智慧化識別與管理的能力。

　　AI 功能的身影事實上早已充斥在我們的生活，實際應用於交通、娛樂、醫療等，到處都可見其蹤影，例如「聊天機器人」（chatbot）漸漸成為廣泛運用的新科技，利用聊天機器人不僅能夠節省人力資源，還能依照消費者的需要來客製化服務，極有可能會是改變未來銷售及客服模式的利器。

　　TaxiGo 就是一種新型地行動叫車服務，產品設計跟 Uber 截然不同，運用最新的聊天機

🔵 TaxiGo 利用聊天機器人
提供計程車秒回服務

器人技術，透過 AI 模擬真人與使用者互動對話，不用下載 App，也不須註冊資料，用戶直接透過聊天機器人在 LINE 或 Facebook 上輕鬆預約叫車。TaxiGo 官方這樣形容：「如果 Uber 是行動時代產物，還需要下載 App；TaxiGo 則是 AI 時代產物，直接透過通訊軟體就可叫車。」

AI 在現代人醫療保健方面的應用更為廣泛，甚至於可能取代傳統人工診療，包括電腦斷層掃描儀器為診病醫生提供病人器官的三度空間影像圖，讓診斷能夠更為精確，例如達文西機器手臂融合電腦的精確計算能力來控制機器手臂，使得外科手術達到前所未有的創新與突破，而電腦於醫療教學與研發的應用更是廣泛，包括電腦診斷系統、罕見疾病藥物研發、基因組合等，甚至於 IBM Waston 透過大數據實踐了精準醫療的非凡成果。

◉ 醫學專用達文西手臂

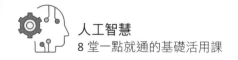
1-1-2　機器人與工業 4.0

　　自從上世紀以來，對於創造機器人，人類總是難以忘情，例如機器人（Robot）向來是科幻故事中不可或缺的重要角色，一般人對人工智慧的想像，不外乎是電影中活靈活現的機器人形象，其實智慧機器人的研發與其應用，早已吸引世人的高度重視。

🔘 華碩 zenbo 機器人
資料來源：華碩電腦

🔘 Sony 的寵物機器狗 aibo
資料來源：Sony 網站

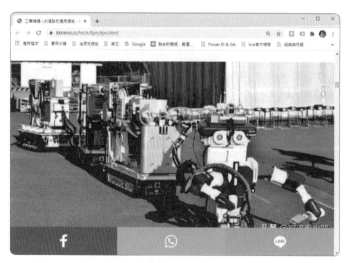

🔘 特殊工業用途的機器人

在工商業發達的今日，機器人就是模仿人類造型所製造出來的輔助工具，我們知道製造業中持續改善與輔助製程是每個企業營運的本能，例如人工智慧驅動的協作型機器人可以在幾小時內設置完成，並且讓機器人具備某種專業智慧。機器人主要目的用於高危險性的工作，如火山探測、深海研究等，也有專為各種特殊工業用途所研發出來的機器人，不但執行精確，而且生產力更較一般常人高出許多。

🔘 鴻海推出的工業 4.0 機器人— Pepper

TIPS

　　德國於 2011 年提出第四次工業革命（又稱「工業 4.0」）概念，以做為「2020 高科技戰略」十大未來計畫之一，工業 4.0 時代是追求產品個性化及人性化的時代，是以智慧製造來推動產品創新，並取代傳統的機械和機器一體化產品，轉變成自動化智慧工廠，間接也帶動智慧機器人需求及應用發展，隨著機器人功能越來越多，大量生產智慧機器人已經是可能的場景。

🔍 IBM Waston 透過大數據實踐了精準醫療的成果

TIPS

　　大數據（又稱大資料、海量資料 , big data），由 IBM 於 2010 年提出，其實是巨大資料庫加上處理方法的一個總稱，主要特性包含三種層面：大量性（Volume）、速度性（Velocity）及多樣性（Variety），也就是一套有助於企業組織大量蒐集、分析各種數據資料的解決方案。

1-2 人工智慧發展史

　　人工智慧的定義，簡單來說就是任何讓電腦能夠表現出「類似人類智慧行為」的科技，只不過目前能實現與人類智慧同等的技術還不存在，世界上絕大多數的人工智慧還是只能解決某個特定問題。人工智慧從 1956 年提出以來，到今天一共經過了三個重要發展階段，這股熱潮仍未消退，時至今日仍在延續發展，並隨著各項科技的提升和推廣繼續將人工智慧推上新的高峰。

1-2-1　啟萌期（1950~1965）

　　自從電腦在 1950 年代被發明後，從科學家到一般大眾都對電腦充滿無盡的想像，所思考的重點就是如何讓電腦擁有類似人類的智慧。西元 1950 年可以算是 AI 啟萌期的開始，英國著名數學家 Alan Turing 首先提出「圖靈測試」（Turing Test）的説法，他算是第一位認真探討人工智慧標準的人，圖靈測試的理論是如果一台機器能夠與人類展開對話，而不被看出是機器的身分時，就算通過這項測試，便能宣稱該機器擁有智慧。

◉ Alan Turing 為機器開啟了是否具有智慧的判斷標準

圖片來源：https://www.techapple.com/archives/15347

　　西元 1956 年可以當成「人工智慧」這個字眼誕生的日子，當年的達特茅斯會議（Dartmouth）上，Lisp 語言的發明人 John McCarthy 正式提出**人工智慧**（Artificial Intelligence）術語，也因此這一年被視為是人工智慧的創立元年。

TIPS

　　Lisp 為最早的人工智慧語言，這種程式語言的特點之一是程式與資料都使用同一種表示方式，也利用「垃圾收集法」作為記憶體管理方式，依賴遞迴的觀念控制整個資料結構，整個程式是以函數間的呼叫為主，沒有敘述句及上下層級觀念，並以串列為主要的資料結構，適合作為字串的處理工作。

　　雖然當時 AI 的成果已能解開拼圖或簡單的遊戲，不過電腦的計算速度尚未提升、儲存空間也小，執行效能受限於時空背景下的硬體規格，一遇到複雜的問題就會束手無策，使得這一時期人工智慧只能用來解答一些代數題、邏輯程式和數學證明，例如知名的搜尋樹、迷宮走訪、河內塔（Tower of Hanoi）和數學證明等等，卻幾乎無法在實際應用上有所突破。

　　法國數學家 Lucas 在 1883 年介紹了一個十分經典的河內塔（Tower of Hanoi）智力遊戲，是典型使用遞迴式與堆疊觀念來解決問題的範例，內容是說在古印度神廟，廟中有三根木樁，天神希望和尚們把某些數量大小不同的圓盤，由第一個木樁全部移動到第三個木樁。不過在搬動時還必須遵守下列規則：

① 直徑較小的套環永遠置於直徑較大的套環上。
② 套環可任意地由任何一個木樁移到其他的木樁上。
③ 每一次僅能移動一個套環，而且只能從最上面的套環開始移動。

【解答】

我們可以得到一個結論，例如當有 n 個盤子時，可將河內塔問題歸納成三個步驟：

步驟 1：將 n-1 個盤子，從木樁 1 移動到木樁 2。

步驟 2：將第 n 個最大盤子，從木樁 1 移動到木樁 3。

步驟 3：將 n-1 個盤子，從木樁 2 移動到木樁 3。

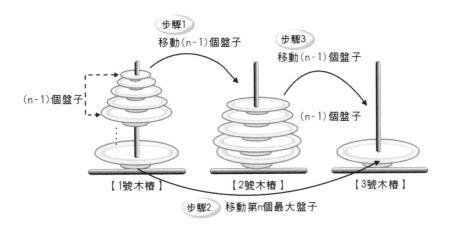

由上圖中，各位應該發現河內塔問題是非常適合以遞迴式與堆疊來解決。因為它滿足了遞迴的兩大特性 ① 有反覆執行的過程；② 有停止的出口。以下則以遞迴式來表示河內塔演算法：

```
void hanoi(int n, int p1, int p2, int p3)
{
    if (n==1) // 遞迴出口
        printf("套環從 %d 移到 %d\n", p1, p3);
    else
    {
        hanoi(n-1, p1, p3, p2);
        printf("套環從 %d 移到 %d\n", p1, p3);
        hanoi(n-1, p2, p1, p3);
    }
}
```

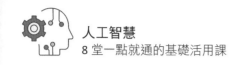

1-2-2　發展期（1980~1999）

　　啟蒙期沉寂一陣子後，在約二、三十年後，因為電腦儲存空間與運算性能的突破，AI 重新回歸以主流技術發展的重點，自從貝爾實驗室於 1947 年發明了電晶體（Transistor），改變了電腦的製程，1965 年 Intel 創始人 Moore 觀察到半導體晶片上的電晶體每一年都能翻倍成長；

💡 電晶體是一種用來控制電流訊號傳輸通過的微小裝置

電腦的運算能力與儲存能力同時跟著摩爾定律高速增長。AI 發展期熱潮伴隨著電腦的普及出現在 1980 年代，首先卡內基梅隆大學設計了一套名為 XCON 的「專家系統」，後來許多重要的專家系統陸續被發展出來。

這時期所進行的研究是以灌輸「專家知識」作為規則，來協助解決特定問題，所謂專家系統（Expert system, ES）是早期人工智慧的一個重要分支，可以看作是一個知識庫（Knowledge-based）程式，用以解決某領域問題，具有專門知識和經驗的計算機智慧系統。這時人工智慧技術也正式投入到了工業生產和政府應用中，例如醫療、軍事、地質勘探、教學、化工等領域，再次掀起了 AI 研究的投資浪潮。

● 醫療專家系統幾乎可以做到診病望、聞、問、切的程度

專家系統是存儲了某個領域專家（如醫生、會計師、工程師、證券分析師）水平的知識和經驗的數據並針對預設的問題，事先準備好大量的對應方式，進行推理和判斷，模擬人類專家的決策過程，例如環境評估系統、醫學診斷系統、地震預測系統等都是大家耳熟能詳的專業系統。儘管不同類型專家系統的結構會存在一定差異，其中基本結構還是大致相同，專家系統的組成架構，通常有下列五種元件：

- **知識庫（Knowledge Base）**：用來儲存專家解決問題的專業知識（Know-how），一般建立「知識庫」的模式有以下三種：

  1. 規則導向基礎（Rule-Based）

  2. 範例導向基礎（Example-Based）

  3. 數學導向基礎（Math-Based）

- **推理引擎（Inference Engine）**：是用來控制與產生推理知識過程的工具，常見的推理引擎模式有「前向推理」（Forward reasoning）及「後向推理」（Backward reasoning）兩種。

- **使用者交談介面（User Interface）**：因為專家系統所要提供的目的就是一個擬人化的功用。同樣的，也希望給予使用者友善的資訊功能介面。

- **知識獲取介面（Knowledge Acquisition Interface）**：ES 的知識庫與人類的專業知識相比，仍然是不完整的，因此必須是一種開放性系統，並透過「知識獲取介面」不斷充實，改善知識庫內容。

- **工作暫存區（Working Area）**：一個問題的解決往往需要不斷地推理過程，因為可能的解答也許有許多組，所以必須反覆地推理。而「工作暫存區」的功用就是把許多較早得出的結果放在這裡。

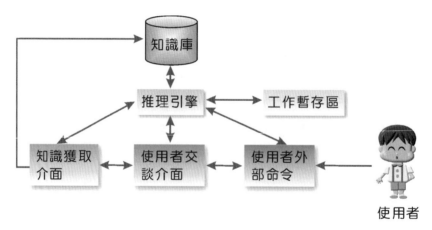

🔍 專家系統的結構及執行示意圖

縱使當時有商業應用的實例，應用範疇還是相當有限，由於專家系統需要大量的維護成本，只能針對專家預先考慮過的狀況來準備對策，它並沒有自行學習的能力，侷限性仍然不能滿足人類的期望，因此終究無可避免的在 1987 年時，把人工智慧帶到另一個低點，迎來了第二次人工智慧泡沫化。

1-2-3　成長期（2000~2020）

到了二十世紀末，隨著硬體運算能力大幅提升，人工智慧領域再度春暖花開，人們對於人工智慧研究的思想轉變。1997 年，IBM 打造的深藍超級電腦（Supercomputer）擊敗了西洋棋世界冠軍卡斯巴羅夫。人工智慧作為 21 世紀最具影響力的技術之一，以超乎我們想像的速度發展，真要探討第三波人工智慧的發展，大約始是於十年前，有科學家想到僅告訴機器如何識字，然後不斷餵給它大量的資料，讓電腦從大量的資料中自動找出規律來「學習」，這樣的方法讓人工智慧進程有了大躍進，而且不斷進化到可以像人類一樣辨識聲音及影像，或是針對問題做出合適的判斷。特別是大數據的發展像是幫忙 AI 快速成長的養分，為 AI 建立了很好的發展基礎，如今人工智慧不僅都做到了許多我們過往認為電腦做不到的事，而且還做得比人類更好。

🔘 過去 AI 與現代 AI 的比較：被動與主動的天差地別模式

🔵 IBM 開發的深藍（Deep Blue）是第一台擊敗人類最頂尖下棋高手的電腦

1-3 人工智慧的種類

　　人工智慧可以形容是電腦科學、生物學、心理學、語言學、數學、工程學為基礎的科學，由於記憶儲存容量與高速運算能力的發展，人工智慧未來一定會發展出各種不可思議的能力，不過首先必須理解 AI 本身之間也有程度強弱之別，美國哲學家 John Searle 便提出了「強人工智慧」（Strong A.I.）和「弱人工智慧」（Weak A.I.）的分類，主張兩種應區別開來。

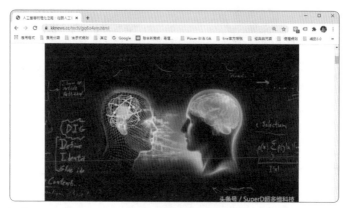

🔵 「強人工智慧」與「弱人工智慧」代表機器不同的智慧層次
圖片來源：https://kknews.cc/tech/gq6o4em.html

1-3-1 弱人工智慧（Weak AI）

弱人工智慧是只能模仿人類處理特定問題的模式，不能深度進行思考或推理的人工智慧，乍看下似乎有重現人類言行的智慧，但還是與人類智慧同樣機能的強 AI 相差很遠，因為只可以模擬人類的行為做出判斷和決策，是以機器來模擬人類部分的「智慧」活動，並不具意識、也不理解動作本身的意義，所以嚴格說起來並不能被視為真的「智慧」。

毫無疑問地，今天各位平日所看到的絕大部分 AI 應用，都是弱人工智慧，不過在不斷改良後，還是能有效地解決某些人類的問題，例如先進的工商業機械人、語音識別、圖像識別、人臉辨識或專家系統等，弱人工智慧仍會是短期內普遍發展的重點，包括近年來出現的 IBM 的 Watson 和谷歌的 AlphaGo，這些擅長於單個方面的人工智慧都屬於程度較低的弱 AI 範圍。

⊙ 銀行的迎賓機器人是屬於一種弱 AI

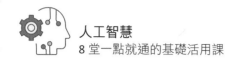

1-3-2　強人工智慧（Strong AI）

　　所謂強人工智慧（Strong AI）或通用人工智慧（Artificial General Intelligence）是具備與人類同等智慧或超越人類的 AI，以往電影的描繪使人慣於想像擁有自我意識的人工智慧，能夠像人類大腦一樣思考推理與得到結論，更多了情感、個性、社交、自我意識，自主行動等等，也能思考、計畫、解決問題快速學習和從經驗中學習等操作，並且和人類一樣得心應手，不過目前主要出現在科幻作品中，還沒有真正成為科學現實。事實上，從弱人工智慧時代邁入強人工智慧時代還需要時間，但絕對是一種無法抗拒的趨勢，人工智慧未來肯定會發展出來各種人類無法想像的能力，雖然現在僅僅在弱人工智慧領域有了出色的表現，不過我們相信未來肯定還是會往強人工智慧的領域邁進。

🔵 科幻小說中活靈活現、有情有義的機器人就屬於一種強 AI

Q & A 討 論

1. 請簡述人工智慧（AI）。

2. 請簡介 GPU（graphics processing unit）。

3. 請簡述平行處理（Parallel Processing）與高效能運算（HPC）。

4. 請簡介工業 4.0。

5. 請簡介「圖靈測試」（Turing Test）。

6. 請描述演算法（Algorithm）的定義。

7. 專家系統（ES）是什麼？

8. 何謂弱人工智慧（Weak AI）？

MEMO

2

從電玩遊戲設計進入 AI 的奇幻世界

- ⊙ 遊戲 AI 的基本模式
- ⊙ 遊戲生手必學的 AI 演算法
- ⊙ 實戰五子棋 AI 演算法

　　談到了電玩遊戲，想必將勾起許多人年少輕狂時的快樂回憶，還記得當年那套瑪利兄弟曾經帶領過多少青少年度過漫長的年輕歲月，打從各位年少丫丫學語，「玩遊戲」的念頭也一直存在腦海中打轉。娛樂畢竟仍然是人類物質生活最大享受，即使在那種堪稱遊戲的蠻荒歲月，確實也誕生出不少如大金剛、超級瑪利兄弟等等充滿古早味，但又膾炙人口的經典名作。

◎ 超級瑪利歐是一款歷久彌新的好玩遊戲

　　話說小華昨天整晚都在線上練功打怪，玩了一款十分耐玩的遊戲，卻也發現怪物冰雪聰明，似乎智商都比自己來得高出許多。一早準備出門買早餐，巷口就遇到了學霸大哥，連忙問道：「遊戲的怪物怎麼都比我聰明，打都打不死？」學霸大哥聽完笑著說：「傻瓜！那是因為遊戲 AI 設計的關係！」

　　隨著遊戲開發技術軟硬體發展而高度成長的今天，在遊戲開發過程中，人工智慧的應用更是廣泛，遊戲 AI 是遊戲樂趣的重要來源之一，幾乎在所有遊戲中都有遊戲 AI 的存在，從傳統棋類運動到全新的電競遊戲，AI 正在一步步攻克那些曾讓玩家們引以為傲的腦力項目，例如在「古墓奇兵」遊戲裡，主角如何在尋寶過程中，出人意表的作出追、趕、跑、跳、蹦等複雜行為？這些看似簡單的動作，其實得大大藉助人工智慧（AI）的幫忙！

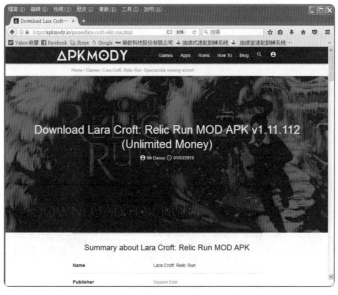

🌐 古墓奇兵遊戲運用 AI 技術來展示遊戲情境

至今，遊戲更是成為現代人日常生活中不可或缺的一環，甚至慢慢地取代傳統電影與電視的地位，成為現代人家庭休閒娛樂的主流選擇，人工智慧可以在遊戲中扮演多種角色，遊戲開發人員的挑戰在於如何不斷突破極限，開發出越來越引人注目的 AI 功能，不過遊戲行業的 AI 較為人工化，而智慧程度也較一般產業所應用的 AI 為低，我們可從身邊最常接觸的遊戲 AI 應用，逐步進入 AI 的異想世界。

2-1 遊戲 AI 的基本模式

我們在玩電腦遊戲的時候，也希望遊戲中的角色能夠擁有某些程度上的 AI，如果將 AI 加入遊戲中將會讓遊戲變得更豐富與挑戰性，例如在飛行射擊遊戲中，當敵機發覺已經被鎖定時，應該要有逃脫的行為，而不是乖乖等著被玩家擊落。一些決策類遊戲更是在人工智慧上下足了功夫，希望玩家能與電腦展開勢均力敵的對戰，而不只是單一枯燥的操作，以延長玩家的遊戲新鮮度，增加遊戲產品本身的壽命。

🔽 爐石戰記卡牌遊戲的 AI 十分讓人驚艷

　　例如遊戲角色怎麼不會攻擊？主角或獵物笨的撞上場景中的障礙物？非玩家角色（NPC）移動模式讓你不知所措？這就有賴於遊戲 AI 的幫助，讓遊戲有更逼真的智慧表現與流暢度。遊戲角色所具備的 AI 能力是遊戲耐玩性的決定因素之一，因而也是遊戲開發中需要考慮的重要問題。

> **TIPS**
>
> 「非玩家角色」（Non Player Character, NPC）是在一個時間背景裡，遊戲中不可能只有一個主角存在於遊戲的世界中，而是在遊戲的時空中，同樣會存在一些特定與非特定的人物，這些人物都可能為玩家帶來一些遊戲劇情上的流程提示、或者是提供玩家所操作的主角在武器與防具上的提升，這些人物不是可以主動去操作它們的行為，它們是由開發人員所提供的 AI 相關屬性來控制這些人物在遊戲裡的行為模式。

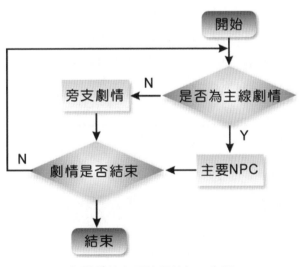

● 遊戲的主要流程執行示意圖

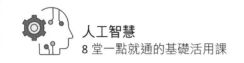

角色可以是對手（或敵人），也可以是夥伴，端視遊戲規劃而定。人工智慧在遊戲的應用是以角色行為動作擬真化最具代表性，另外也包括戰略遊戲中的佈局、行動、攻擊，甚至於像是大富翁或西洋棋一類的策略遊戲，人工智慧都占有了相當重要的角色。人工智慧背後的核心概念是決策，為了執行這些選擇，系統需要能夠使用 AI 影響遊戲實體，就是讓遊戲產生高度進化演變和行為發展，讓參與其中的玩家們有挑戰與激發未來的不可預測感。通常遊戲 AI 的常見應用模式有以下四種。

2-1-1　以規則為基礎

屬於較基礎的人工智慧原理，尤其在戰鬥遊戲裡最常以規則理論來處理。對開發技術人員來說，卻是一種可預測、方便測試與除錯的方法，在開發遊戲過程中，可以採用「規則為基礎」（Rules-based AI）的人工智慧方法來設計各種角色的行為，就是一組預設行為用於確定遊戲實體的行為。例如事先定義出條列式規則來明確規定角色在遊戲中的行為，在程式設計中就是以「if…then…else」敘述或 switch…case 敘述等的選擇結構來撰寫。例如有某一種 RPG 遊戲中的怪物，它在移動與對戰時具有下面的幾種行為：

1. 普通攻擊。

2. 施放攻擊魔法。

3. 使盡全力攻擊。

4. 補血。

5. 逃跑。

　　而根據以上的幾種怪物的行為，我們撰寫出了一段如下的演算法來模擬怪物在對戰時的行為模式：

```
1    if( 生命值 >20)                          // 生命值大於 20
2    {
3        if(rand()%10 != 1)                   // 進行普通攻擊的機率為 9/10
4            普通攻擊 ;
5        else
6            施放攻擊魔法 ;
7    }
8    else                                     // 生命值小於 20
9    {
10       switch(rand()%5)
11       {
12           case 0:
13                   普通攻擊 ;
14                   break;
15           case 1:
16                   施放攻擊魔法 ;
17                   break;
18           case 2:
19                   使盡全力攻擊 ;
20                   break;
21           case 3:
22                   補血 ;
23                   break;
24           case 4:
25                   逃跑 ;
26                   if(rand()%3 == 1) // 逃跑成功機率為 1/3
27                       逃跑成功 ;
28                   else
29                       逃跑失敗 ;
30                   break;
31       }
32   }
```

　　在上面的這段演算法中，利用 if-else 判斷式判斷怪物的生命值是否大於 20，當怪物生命值大於 20 時，怪物會有 9/10 的機率進行普通攻擊，以及 1/10 的機率施放攻擊魔法；而假設當怪物受到了嚴重傷害

生命值小於 20 時，第 10 行程式碼以 switch 敘述判斷 rand()%5 的結果來進行對應的行為，因而怪物有可能會進行普通攻擊、施放攻擊魔法、使盡全力攻擊、補血、逃跑等動作，而這些怪物行為的發生機率各為 1/5，其中第 26 行則是設定怪物逃跑成功的機率為 1/3。事實上，像上面這樣利用 if-else、switch 敘述使電腦角色進行狀況判斷，並產生對應的行為動作就是以規則為基礎 AI 設計的基本精神。

2-1-2　以目標為基礎

在遊戲開發時，設計人員必須定義出角色的目標及到達目標所需的方法。因此設計的角色必須包含目標、知識、策略與環境的四種狀態。例如以「以規則為基礎」來設計角色，是讓角色對環境的感受單純反應為主，例如早期的遊戲會以追逐移動為主，不能夠與周遭環境產生互動。但是在「以目標為基礎」的遊戲角色，會根據環境的變動與互動資訊來作為行動的依據，列入考慮的因素包括一連串的動作。假設遊戲中所定義的怪物移動模式包含了追逐、躲避、與隨機移動等，而怪物進行這些移動的時機如下圖所示：

在此要特別補充，這種移動模式 AI 如果較複雜時，因為涉及到遊戲程式中電腦角色的思考與行為，也就是讓電腦角色擁有狀況判斷思考的能力，並依據判斷後的結果進行相對的行為動作。

2-1-3　以代理人為基礎

　　所謂代理人是遊戲中的一種虛擬人物，也是遊戲世界中最常見的角色，它可能是玩家的敵人或是遊戲過程中玩家的夥伴。通常在設計上，我們會賦予代理人生命，讓它能夠回應、思考與行動，並具有自主的能力。

角色屬性			
LV	等級	EXP	經驗值
HP	生命點數	SP	技能點數
DEX	戰鬥敏捷度	SPD	行動速度
STR	攻擊力量	ACY	命中率
DEF	防禦力	VIS	視力
SK	技能		

EXP ＆ LV	SK ＆ SP
◎ 經驗值主要由減損敵方的生命點數而來 ◎ 經驗值累積到一定程度 LV 便可提升 ◎ 各屬性也會隨職別的不同而有變化	◎ 特殊角色或人族 3 階戰士，會有特殊技能 ◎ 使用特殊技能會損耗 SP ◎ 戰役結束前，SP 不能回復
DEX	**VIS**
發動攻擊與下一次發動攻擊之間會有一段時差，DEX 越高，時差越小	影響角色的視力範圍，敵方進入視力範圍方會顯現。

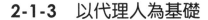 代理人的相關屬性表

2-1-4　以人工生命為基礎

所謂人工生命（Artificial life）是組合了生物學、演化理論、生命遊戲的相關概念，可用來平衡與滿足真實自然界的生態系統，讓 NPC 具有情緒化的反應與具有生物功能的特色和演化合理行為，目的在創造擬真的角色行為與逼真的遊戲互動環境。

💡「電競人生」是一種以人工生命 AI 為主的生活模擬類遊戲
圖片來源：http://pc.tgbus.com/danji_207/94808/

2-2　遊戲生手必學的 AI 演算法

一般來說，AI 在遊戲應用的領域涵蓋了許多知名演算法，不過此處我們不打算深入探討這些演算理論，畢竟尋找出一個遊戲中最適合的 AI 演算法通常很困難，畢竟世界上沒有白吃的午餐，演算法之間總是各有利弊，執行效能與空間利用率是考慮的重要關鍵。接下來我們將針對 AI 在遊戲中經常用到的基礎演算法來進行簡單介紹。

2-2-1　基因演算法

「基因演算法」（genetic algorithm），可說是模擬生物演化與遺傳程序的搜尋與最佳化演算法，此理論是在 1975 年由 John Holland 提出。在真實世界裡，物種的演化（evolution）是為了更適應大自然的環境，而在演化過程中，某個基因的改變也能讓下一代來繼承。其實我們都知道，太簡單的遊戲可能吸引不了玩家，太複雜的遊戲會讓受挫的玩家很快就宣布放棄！例如設計團隊要做出遊戲動畫中人物行走的畫面，通常都需要事先仔細描述每個畫面的細節，如果運用基因演算法，把重力和人物的肌肉結構都做好關連後，來指引劇中人物的走路情況。

例如玩家可以挑選自己喜歡的角色來扮演，不同的角色各有不同的特質與挑戰性，設計師並無法事先預告或瞭解玩家打算扮演的角色。這時為了回應不同的狀況，就可以將可能的場景指定給某個染色體，利用不同的染色體來儲存每種情況的回應。像是運用基因演算法，把重力和人物的肌肉結構都做好關連後，就可讓人物走得非常順暢。

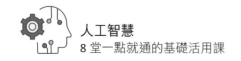

John Holland 提出的基因演算法其實就是一種模仿大自然界物競天擇法則和基因交配的演算法則。對於以往傳統人工智慧方法無法有效解決的計算問題，它都可以很快速地找出答案來。基本上來說，基因演算法是一種特殊的搜尋技巧，適合處理多變數與非線性的問題。我們將利用下圖來表示演化過程：

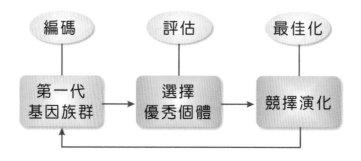

2-2-2　模糊邏輯演算法

「模糊邏輯」（Fuzzy logic）的理論，也是一種相當知名的人工智慧技術。主要是由柏克萊大學教授 Lotfi Zadeh 在 1965 年提出，亦即把人類解決問題的方法，或將研究對象以 0 與 1 之間的數值來表示模糊概念的程度交由電腦來處理。也就是模仿人類思考模式，將研究對象以 0 與 1 之間的數值來表示模糊概念的程度。事實上，從冷氣到電鍋，大量的物理系統都可受益於模糊邏輯的應用。例如日本推出了一款 FUZZY 智慧型洗衣機，就是依據所洗衣物的纖維成分，來決定水量和清潔劑的多寡及作業時間長短。

在遊戲開發過程中，也經常加入模糊邏輯的概念，例如讓 NPC 具有一些不可預測的 AI 行為，就是協助人類跳離 0 與 1 二值邏輯的思維，並對 True 和 False 間的灰色地帶做決策。至於如何推論模糊邏輯，首要步驟是將明確數字「模糊化」（Fuzzification），例如當魔鬼海盜船接受

指令後，如果在 2 公里內遇見玩家必須與玩家戰鬥，此處就將 2 公里定義為「距離很近」，至於魔鬼海盜船與玩家相距 1 公里就定義為「非常接近」。

魔鬼海盜船與玩家即使相距 1.95 公里，如果以布林值來處理，應該處於危險區域範圍外，這好像不符合實際狀況，明明就快短兵相接，卻還不是危險區域。所以依據實際狀況來回傳介於 0~1 之間的數值，利用「歸屬度函數」（Grade Membership Function）來表達模糊集合內的情形。如果 0 表示不危險，1 表示危險，而 0.5 則表示有點危險。這時就能利用下圖定義一個危險區域的模糊集合：

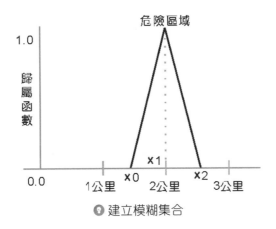

❶ 建立模糊集合

當各位將所有輸入的資料模糊化之後，接下來要建立模糊規則。定義模糊規則的作用是希望輸出的結果能與模糊集合中的某些歸屬程度相符合。例如嘗試先來建立魔鬼海盜船遊戲中有關的模糊規則：

- 如果與玩家相距 3 公里，表示距離遠，為警戒區域，快速離開。
- 如果與玩家相距 2 公里，表示距離近，為危險區域，維持速度。
- 如果與玩家相距 1 公里，表示距離很近，為戰鬥區域，減速慢行。

另外可以利用程式碼設定這些規則：

```
if( 非常近 AND 危險區域 ) AND NOT 武器填裝 then 提高戒備
if( 很近 OR 戰鬥區域 ) AND NOT 火力全開 then 開啟防護
if(NOT 近 AND 警戒區域 ) OR (NOT 保持不變 )then 全員備戰
```

由於每條規則都會執行運算，並輸出歸屬程度，當我們將每個變數輸入後，可能會得到這樣的結果：

```
提高戒護的歸屬程度 0.3
開啟防護的歸屬程度 0.7
全員備戰的歸屬程度 0.4
```

當各位將每條規則輸出後，以強度最高者為行動依據，若是依照上述的輸出結果，則是以「開啟防護」為最終行動。

2-2-3　類神經網路演算法

如果遊戲需要更多的變化，並為玩家提供更強與多變化的對手，AI 演算法就需要具備自我增長和獨自學習的能力。「類神經網路」（Artificial Neural Network）就是一種模仿生物神經網路的數學模式，這也是目前最夯的人工智慧演算法的架構，使用大量簡單而相連的人工神經元（Neuron）來模擬生物神經細胞受特定程度刺激來反應刺激的架構為基礎的研究，類神經網路演算法的運算元組成是仿效人類神經元的結構，將神經元彼此連結，就構成了類神經網路架構。

◎ 類神經網路的原理同樣可以應用在電腦遊戲中

　　近年來配合電腦運算速度的增加，使得類神經網路的功能更為強大，要使得類神經網路能正確的運作，必須透過訓練的方式，讓類神經網路反覆學習，經過一段時間的經驗值，才能有效的學會運作的模式。這種觀念也可以應用在遊戲中玩家魔法值或攻擊火力的成長，當主角不斷學習與經過關卡考驗後，功力自然大增。

2-2-4　有限狀態機

　　「有限狀態機」（Finite State Machine）是屬於離散數學（Discrete Mathematics）的範疇。簡單的說，有限狀態機就是在有限狀態集合中，從一開始的初始狀態，以及其他狀態間，經由不同轉換函式而轉變到另一個狀態，轉換函式則代表各個狀態之間關係。

　　許多生物的行為都能以各種狀態分別來解析，因為某些條件的改變，所以從原先的狀態轉換到另一種狀態。在遊戲 AI 的應用上，有限狀態機算是一種設計的概念，也是一種概念化和實施在整個遊戲生命周期中擁有不同狀態的實體方式，可以透過定義有限的遊戲運作狀態，並藉由一些條件在這些運作狀態互相切換，並且包含二項要素：一個是代

表 AI 的有限狀態簡單機器，另一個則是輸入（Input）條件，會使目前狀態轉換成另一個狀態。

通常 FSM 會依據「狀態轉移」（State Transition）函式來決定輸出狀態，並可將目前狀態移轉為輸出狀態。而在遊戲程式設計領域中，我們可以利用 FSM 來訂定遊戲世界的管理基礎與維護遊戲進行狀態，並分析玩家輸入或管理物件情況。例如我們想要利用 FMS 來撰寫魔鬼海盜船在大海中追逐玩家的程式，以下可利用 FSM 的概念來製作一個簡易圖表，以下圖來表示：

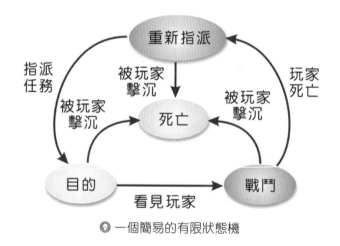

◐ 一個簡易的有限狀態機

在上圖中，魔鬼海盜船主要是接受任務指派與前往目的地。所以魔鬼海盜船的第一種狀態就是前往目的，另一種可能就是出了門後，立即被玩家擊沉，變成「死亡」狀態。如果遊戲進行中碰見玩家，就必須與玩家交戰，或者沒有看見玩家，就重新接受任務的指派。其他情形就是得戰勝玩家，才能獲得新的任務指派，如果沒有戰勝玩家，則會面臨死亡的狀態。

當程式設計師為了讓 FSM 能夠擴大規模，也有人提出平行處理的自動方式，將複雜的行為區分成不同子系統或是階層。假如要在魔鬼海盜船中加入射擊動作，面對玩家才會進入射擊狀態。如下圖所示：

⊙ 有限狀態機加入子系統

其他狀態可依據需求來加入，例如沒有能量，必須補充能量，如果是在射程外，就形成了「閒置」狀態。最後各位只要將這個設計好的子系統加入控制處理即可。

2-2-5　決策樹演算法

如果今天您要設計的遊戲是屬於「棋類」或是「紙牌類」的話，那麼上述的人工智慧基本概論可能就變得一無是處（因為紙牌根本不需要追著您跑或逃離），此類遊戲所採用的技巧在於實現遊戲作決策的能力，亦即該下哪一步棋或者該出哪一張牌。

決策型人工智慧的實作是一項挑戰，因為通常可能的狀況有很多，例如象棋遊戲的人工智慧就必須在所有可能的情況中選擇一步對自己最有利的棋，想想看如果是要開發此類的遊戲，您會怎麼作？通常此類遊戲的 AI 實現技巧為先找出所有可走的棋（或可出的牌），然後逐一判斷如果走這步棋（或出這張牌）的優劣程度如何，或者說是替這步棋打個分數，然後選擇走得分最高的那步棋。

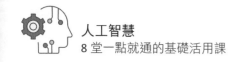
　　一個最常被用來討論決策型 AI 的簡單例子是「井字遊戲」，因為它的可能狀況不多，也許您只要花個十分鐘便能分析完所有可能的狀況，並且找出最佳的玩法，例如下圖可表示某個狀況下 O 方的可能下法：

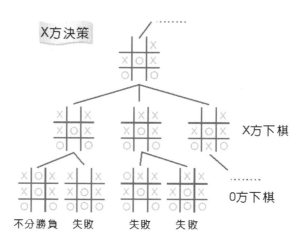

　　上圖是井字遊戲的某個決策區域，下一步是 X 方下棋，很明顯的 X 方絕對不能選擇第二層的第二個下法，因為 X 方必敗無疑，而您也看出來這個決策形成樹狀結構，所以也稱之為「決策樹」，而樹狀結構正是資料結構所討論的範圍，這也說明了資料結構正是人工智慧的基礎，而決策型人工智慧的基礎則是搜尋，在所有可能的狀況下，搜尋可能獲勝的方法。

　　針對井字遊戲的製作，我們以下提及一些概念，井字遊戲的棋盤一共有九個位置、八個可能獲勝的方法，請看下圖：

$$
\begin{array}{|c|c|c|}
\hline
1 & 2 & 3 \\
\hline
4 & 5 & 6 \\
\hline
7 & 8 & 9 \\
\hline
\end{array}
$$

　　實作 AI 的基本技巧為在遊戲中設計一個存放八種獲勝方法的二維陣列，例如：

```
int win[][] = new int[8][3];
win[0][0]  = 1;    // 第一種獲勝方法（表示 1,2,3 連線）
win[0][1]  = 2;
win[0][2]  = 3;
…       // 類推下去
```

　　然後依據此陣列來判斷最有利的位置，例如當玩家已經在位置 1 和位置 2 連線時，您就必須擋住位置 3，依此類推。井字型遊戲是種最簡單的人工智慧應用，它是一個簡單的遊戲排列運算法，只要在井字型中打上 O、X 即可玩遊戲。以下是我們手機遊戲團隊所設計的畫面：

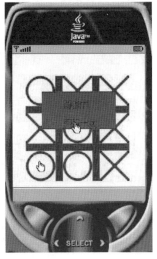

● 手機井字遊戲畫面

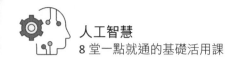
2-2-6　電腦鼠走迷宮演算法

電腦鼠走迷宮演算法的陳述是，假設把一隻電腦鼠放在一個沒有蓋子的大迷宮盒入口處，盒中有許多牆使得大部份的路徑都被擋住而無法前進。電腦鼠可以依照嘗試錯誤的方法找到出口。不過這電腦鼠必須具備走錯路時就會重來一次並把走過的路記起來，避免重複走同樣的路，就這樣直到找到出口為止。簡單說來，電腦鼠行進時，必須遵守以下三個原則：

① 一次只能走一格。

② 遇到牆無法往前走時，則退回一步找找看是否有其他的路可以走。

③ 走過的路不會再走第二次。

在建立走迷宮程式前，我們先來瞭解如何在電腦遊戲中表現一個模擬迷宮的方式。這時可以利用二維陣列 MAZE[row][col]，並符合以下規則：

```
MAZE[i][j]=1    表示 [i][j] 處有牆，無法通過
         =0    表示 [i][j] 處無牆，可通行
MAZE[1][1] 是入口，MAZE[m][n] 是出口
```

下圖就是一個使用 10x12 二維陣列的模擬迷宮地圖表示圖：

【迷宮原始路徑】

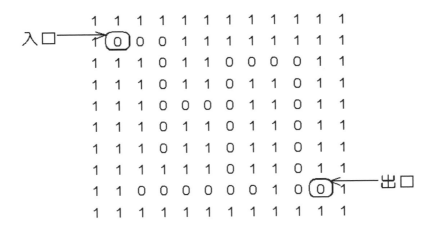

假設電腦鼠由左上角的 MAZE[1][1] 進入，由右下角的 MAZE[8][10] 出來，電腦鼠目前位置以 MAZE[x][y] 表示，那麼我們可以將電腦鼠可能移動的方向表示如下：

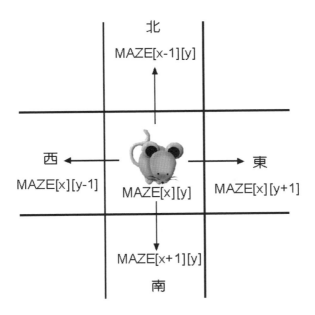

如上圖所示，電腦鼠可以選擇的方向共有四個，分別為東、西、南、北。但並非每個位置都有四個方向可以選擇，必須視情況來決定，例如 T 字型的路口，就只有東、西、南三個方向可以選擇。

我們可以記錄走過的位置，並且將走過的位置的陣列元素內容標示為 2，然後將這個位置放入堆疊再進行下一次的選擇。如果走到死巷子並且還沒有抵達終點，那麼就必須退出上一個位置，並退回去直到回到上一個叉路後再選擇其他的路。由於每次新加入的位置必定會在堆疊的最末端，因此堆疊末端指標所指的方格編號便是目前搜尋迷宮出口的電腦鼠所在的位置。如此一直重覆這些動作直到走到出口為止。

例如下圖是以小球來代表迷宮中的電腦鼠：

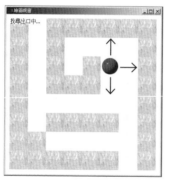
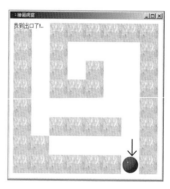

⏺ 在迷宮中搜尋出口　　　　　⏺ 終於找到迷宮出口

上面這樣的一個迷宮的概念，底下利用 C 演算法來加以描述：

```
1    if(上一格可走)
2    {
3        加入方格編號到堆疊；
4        往上走；
5        判斷是否為出口；
6    }
```

```
7    else if(下一格可走)
8    {
9         加入方格編號到堆疊；
10        往下走；
11        判斷是否為出口；
12   }
13   else if(左一格可走)
14   {
15        加入方格編號到堆疊；
16        往左走；
17        判斷是否為出口；
18   }
19   else if(右一格可走)
20   {
21        加入方格編號到堆疊；
22        往右走；
23        判斷是否為出口；
24   }
25   else
26   {
27        從堆疊刪除一方格編號；
28        從堆疊中取出一方格編號；
29        往回走；
30   }
```

　　電腦鼠走迷宮演算法是每次進行移動時所執行的內容，其主要是判斷目前所在位置的上、下、左、右是否有可以前進的方格，若找到可移動的方格，便將該方格的編號加入到記錄移動路徑的堆疊中，並往該方格移動，而當四周沒有可走的方格時（第 25 行），也就是目前所在的方格無法走出迷宮，必須退回前一格重新再來檢查是否有其他可走的路徑，所以在上面演算法中的第 27 行會將目前所在位置的方格編號從堆疊中刪除，之後第 28 行再取出的就是前一次所走過的方格編號。

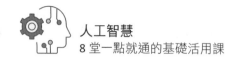

2-2-7　八皇后演算法

八皇后問題也是一種常見的棋類遊戲的 AI 應用實例。在西洋棋中的皇后可以在沒有限定一步走幾格的前提下，對棋盤中的其他棋子直吃、橫吃及對角斜吃（左斜吃或右斜吃皆可），只要後放入的新皇后，放入前必須考慮所放位置直線方向、橫線方向或對角線方向是否已被放置舊皇后，否則就會被先放入的舊皇后吃掉。

利用這種觀念，我們可以將其應用在 4x4 的棋盤，就稱為「4-皇后問題」；應用在 8x8 的棋盤，就稱為 8- 皇后問題。應用在 NxN 的棋盤，就稱為 N-皇后問題。要解決 N-皇后問題（在此我們以 8-皇后為例），首先當於棋盤中置入一個新皇后，且這個位置不會被先前放置的皇后吃掉，就將這個新皇后的位置存入堆疊。

但是如果當您放置新皇后的該行（或該列）的 8 個位置，都沒有辦法放置新皇后（亦即一放入任何一個位置，就會被先前放置的舊皇后給吃掉）。此時，就必須由堆疊中取出前一個皇后的位置，並於該行（或該列）中重新尋找另一個新的位置放置，再將該位置存入堆疊中，而這種方式就是一種回溯（Backtracking）演算法的應用概念。

N-皇后問題的解答，就是配合堆疊及回溯兩種演算法概念，以逐行（或逐列）找新皇后位置（如果找不到，則回溯到前一行找尋前一個皇后另一個新的位置，以此類推）的方式，來尋找 N-皇后問題的其中一組解答。

以下分別是 4-皇后及 8-皇后在堆疊存放的內容及對應棋盤的其中一組解。

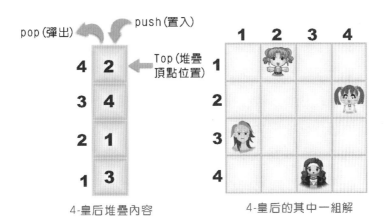

4-皇后堆疊內容　　　　4-皇后的其中一組解

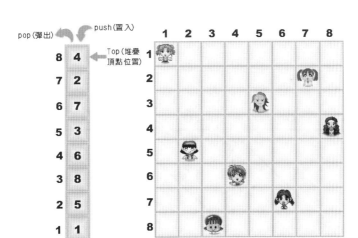

8-皇后堆疊內容　　　　8-皇后的其中一組解

2-2-8 Dijkstra 與 A* 演算法

我們知道在遊戲圖形中一個頂點到多個頂點的最短路徑作法，通常使用 Dijkstra 演算法求得，Dijkstra 的演算法如下：

假設 $S=\{V_i|V_i\in V\}$，且 V_i 在已發現的最短路徑，其中 $V_0\in S$ 是起點。

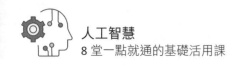

假設 w∉S，定義 Dist(w) 是從 V_0 到 w 的最短路徑，這條路徑除了 w 外必屬於 S。且有下列幾點特性：

> ① 如果 u 是目前所找到最短路徑之下一個節點，則 u 必屬於 V-S 集合中最小花費成本的邊。
> ② 若 u 被選中，將 u 加入 S 集合中，則會產生目前的由 V_0 到 u 最短路徑，對於 w∉S，DIST(w) 被改變成 DIST(w) ← Min{DIST(w),DIST(u)+COST(u,w)}

我們直接來看一個例子，請找出下圖中，頂點 5 到各頂點間的最短路徑。

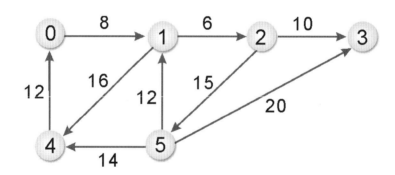

做法相當簡單，首先由頂點 5 開始，找出頂點 5 到各頂點間最小的距離，到達不了以∞表示。步驟如下：

步驟 1 D[0]= ∞ ,D[1]=12,D[2]= ∞ ,D[3]=20,D[4]=14。在其中找出值最小的頂點，加入 S 集合中。

步驟 2 D[0]= ∞ ,D[1]=12,D[2]=18,D[3]=20,D[4]=14。D[4] 最小，加入 S 集合中。

步驟 3　D[0]=26,D[1]=12,D[2]=18,D[3]=20,D[4]=14。D[2] 最小,加入 S 集合中。

步驟 4　D[0]=26,D[1]=12,D[2]=18,D[3]=20,D[4]=14。D[3] 最小,加入 S 集合中。

步驟 5　加入最後一個頂點即可得到下表:

步驟	S	0	1	2	3	4	5	選擇
1	5	∞	12	∞	20	14	0	1
2	5,1	∞	12	18	20	14	0	4
3	5,1,4	26	12	18	20	14	0	2
4	5,1,4,2	26	12	18	20	14	0	3
5	5,1,4,2,3	26	12	18	20	14	0	0

由頂點 5 到其他各頂點的最短距離為:

頂點 5-頂點 0:26

頂點 5-頂點 1:12

頂點 5-頂點 2:18

頂點 5-頂點 3:20

頂點 5-頂點 4:14

不過 Dijkstra's 演算法在尋找最短路徑的過程中算是一個較不具效率的作法,那是因為這個演算法在尋找起點到各頂點的距離的過程中,不論哪一個頂點,都要實際去計算起點與各頂點間的距離,來取得最後的一個判斷,到底哪一個頂點距離與起點最近。Dijkstra's 演算法會消耗許多系統資源,包括 CPU 時間與記憶體空間。其實如果能有更好的方式幫助我們預估從各頂點到終點的距離,善加利用這些資訊,就可以預先判斷圖形上有哪些頂點離終點的距離較遠,而直接略過這些頂點的搜

尋，這種更有效率的搜尋演算法，絕對有助於程式以更快的方式決定最短路徑。

在這種需求的考量下，A*演算法可以說是一種 Dijkstra's演算法的改良版，它結合了在路徑搜尋過程中從起點到各頂點的「實際權重」及各頂點預估到達終點的「推測權重」（或稱為試探權重 heuristic cost）兩項因素，這個演算法可以有效減少不必要的搜尋動作，以提高搜尋最短路徑的效率。

⚲ Dijkstra's 演算法　　⚲ A* 演算（Dijkstra's 演算法的改良版）

因此 A* 演算法也是一種最短路徑演算法，和 Dijkstra's 演算法不同的是，A* 演算法會預先設定一個「推測權重」，並在找尋最短路徑的過程中，將「推測權重」一併納入決定最短路徑的考慮因素。所謂「推測權重」就是根據事先知道的資訊來給定一個預估值，結合這個預估值，A* 演算法可以更有效率搜尋最短路徑。

例如在尋找一個已知「起點位置」與「終點位置」迷宮的最短路徑問題中，因為事先知道迷宮的終點位置，所以可以採用頂點和終點的歐

氏幾何平面直線距離（Euclidean distance，即數學定義中的平面兩點間的距離）作為該頂點的推測權重。

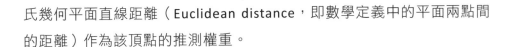

有哪些常見的距離評估函數

在 A* 演算法用來計算推測權重的距離評估函數除了上面所提到的歐氏幾何平面距離，還有許多的距離評估函數可以供選，例如曼哈頓距離（Manhattan distance）和切比雪夫距離（Chebyshev distance）等。對於二維平面上的二個點 (x1,y1) 和 (x2,y2)，這三種距離的計算方式如下：

- 曼哈頓距離（Manhattan distance）

  $D=|x1-x2|+|y1-y2|$

- 切比雪夫距離（Chebyshev distance）

  $D=\max(|x1-x2|,|y1-y2|)$

- 歐氏幾何平面直線距離（Euclidean distance）

  $D=\sqrt{(x1-x2)^2+(y1-y2)^2}$

A* 演算法並不像 Dijkstra's 演算法，單一考慮只從起點到這個頂點的實際權重（或更具來說就是實際距離）來決定下一步要嘗試的頂點。比較不同的作法是，A* 演算法在計算從起點到各頂點的權重，會同步考慮從起點到這個頂點的實際權重，再加上該頂點到終點的推測權重，以推估出該頂點從起點到終點的權重。再從其中選出一個權重最小的頂點，並將該頂點標示為已搜尋完畢。接著再計算從搜尋完畢的點出發到各頂點的權重，並再從其中選出一個權重最小的點，依循前面同樣的作法，並將該頂點標示為已搜尋完畢的頂點，以此類推…，反覆進行同樣的步驟，一直到抵達終點，才結束搜尋的工作，就可以得到最短路徑的最佳解答。

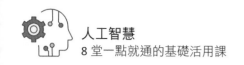
做個簡單的總結，實作 A* 演算法的主要步驟，摘要如下：

步驟 1 首先決定各頂點到終點的「推測權重」。「推測權重」的計算方式可以採用各頂點和終點之間的直線距離，採用四捨五入後的值，直線距離的計算函數，可從上述三種距離的計算方式擇一。

步驟 2 分別計算從起點可抵達的各個頂點的權重，其計算方式是由起點到該頂點的「實際權重」，加上該頂點抵達終點的「推測權重」。計算完畢後，選出權重最小的點，並標示為搜尋完畢的點。

步驟 3 接著計算從搜尋完畢的點出發到各點的權重，並再從其中選出一個權重最小的點，並再將其標示為搜尋完畢的點。以此類推…，反覆進行同樣的計算過程，一直到抵達最後的終點。

　　A* 演算法適用於可以事先獲得或預估各頂點到終點距離的情況，但是萬一無法取得各頂點到目的地終點的距離資訊時，就無法使用 A* 演算法。雖然說 A* 演算法是一種 Dijkstra's 演算法的改良版，但並不是指任何情況下 A* 演算法效率一定優於 Dijkstra's 演算法。例如：當「推測權重」的距離和實際兩個頂點間的距離相差甚大時，A* 演算法的搜尋效率可能比 Dijkstra's 演算法都來得差，甚至還會誤導方向，而造成無法得到最短路徑的最終答案。

　　但是如果推測權重所設定的距離和實際兩個頂點間的真實距離誤差不大時，A* 演算法的搜尋效率就遠大於 Dijkstra's 演算法。因此 A* 演算法常被應用在遊戲軟體開發中的玩家與怪物兩種角色間的追逐行為，或是引導玩家以最有效率的路徑及最便捷的方式，快速突破遊戲關卡。

🔈 A* 演算法常被應用在遊戲中角色追逐與快速突破關卡的設計

2-2-9 矩陣演算法

從數學的角度來看，對於 mxn 矩陣（Matrix）的形式，可以利用電腦中 A(m,n) 二維陣列來描述，因此許多矩陣的相關運算與應用，都是使用電腦中的陣列結構來解決。如下圖 A 矩陣，各位是否立即想到了一個宣告為 A(1:3,1:3) 的二維陣列。

$$A = \begin{bmatrix} a_{11} & a_{12} & a_{13} \\ a_{21} & a_{22} & a_{23} \\ a_{31} & a_{32} & a_{33} \end{bmatrix}_{3 \times 3}$$

例如在 3D 圖學中也經常使用矩陣，因為它可用來清楚的表示模型資料的投影、擴大、縮小、平移、偏斜與旋轉等等運算。至於在現代人工智慧許多演算法中，線性代數是一個強大的數學工具箱，常常遇到需要使用大量的矩陣運算來提高計算效率。

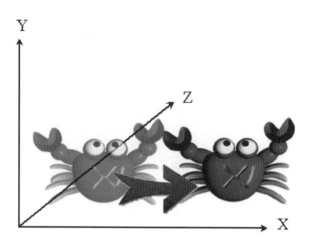

💡 矩陣平移是物體在 3D 世界向著某一個向量方向移動

TIPS

在三維空間中，向量以 (a, b, c) 表示，其中 a、b、c 分別表示向量在 x、y、z 軸的分量。在下圖中的 A 向量是一個由原點出發指向三維空間中的一個點 (a, b, c)，也就是說，向量同時包含了大小及方向兩種特性，所謂的單位向量，指的是向量長度（norm）為 1 的向量。通常在向量計算時，為了降低計算上的複雜度，會以單位向量（Unit Vector）來進行運算，所以使用向量表示法就可以指明某變量的大小與方向。

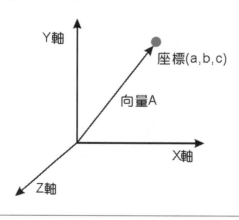

矩陣相加演算法

矩陣的相加運算則較為簡單，前提是相加的兩矩陣列數與行數都必須相等，而相加後矩陣的列數與行數也是相同。必須兩者的列數與行數都相等，例如 $A_{mxn}+B_{mxn}=C_{mxn}$。以下我們就來實際進行一個矩陣相加的例子：

$$\begin{bmatrix} 1 & 3 & 5 \\ 7 & 9 & 11 \\ 13 & 15 & 17 \end{bmatrix}_{3 \times 3} + \begin{bmatrix} 9 & 8 & 7 \\ 6 & 5 & 4 \\ 3 & 2 & 1 \end{bmatrix}_{3 \times 3} = \begin{bmatrix} 10 & 11 & 12 \\ 13 & 14 & 15 \\ 16 & 17 & 18 \end{bmatrix}_{3 \times 3}$$

A 矩陣　　　　　　**B 矩陣**　　　　　　**C 矩陣**

矩陣相乘

如果談到兩個矩陣 A 與 B 的相乘，是有某些條件限制。首先必須符合 A 為一個 mxn 的矩陣，B 為一個 nxp 的矩陣，對 AxB 之後的結果為一個 mxp 的矩陣 C。如下圖所示：

$$\begin{bmatrix} a_{11} & \cdots & a_{1n} \\ \vdots & \cdot & \vdots \\ a_{m1} & \cdots & a_{mn} \end{bmatrix} \times \begin{bmatrix} b_{11} & \cdots & b_{1p} \\ \vdots & \cdot & \vdots \\ b_{n1} & \cdots & b_{np} \end{bmatrix} = \begin{bmatrix} c_{11} & \cdots & c_{1p} \\ \vdots & \cdot & \vdots \\ c_{m1} & \cdots & c_{mp} \end{bmatrix}$$

$$m \times n \qquad\qquad n \times p \qquad\qquad m \times p$$

$$C_{11} = a_{11} * b_{11} + a_{12} * b_{21} + \cdots\cdots + a_{1n} * b_{n1}$$
$$\vdots$$
$$C_{1p} = a_{11} * b_{1p} + a_{12} * b_{2p} + \cdots\cdots + a_{1n} * b_{np}$$
$$\vdots$$
$$C_{mp} = a_{m1} * b_{1p} + a_{m2} * b_{2p} + \cdots\cdots + a_{mn} * b_{np}$$

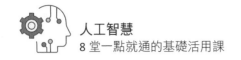

🌐 轉置矩陣

「轉置矩陣」(A^t) 就是把原矩陣的行座標元素與列座標元素相互調換，假設 A^t 為 A 的轉置矩陣，則有 At[j,i]=A[i,j]，如下圖所示：

$$A= \begin{bmatrix} 1 & 2 & 3 \\ 4 & 5 & 6 \\ 7 & 8 & 9 \end{bmatrix}_{3\times3} \qquad A^t= \begin{bmatrix} 1 & 4 & 7 \\ 2 & 5 & 8 \\ 3 & 6 & 9 \end{bmatrix}_{3\times3}$$

2-3 實戰五子棋 AI 演算法

俗語有云：「當局者迷，旁觀者清」，這句話用在 AI 所控制的玩家角色上可說是不成立的。相反的，AI 所掌控的棋局必須在每回合下棋時，都要能夠精確知道有哪些獲勝的方式，並計算出每下一步棋到棋盤任一格子上的獲勝機率。接下來，我們將利用各位所學習的 AI 相關原理，並就 AI 與玩家進行五子棋對弈的一個遊戲範例來說明其 AI 設計方式。

2-3-1 獲勝組合

在一場五子棋的棋局中，AI 首先必須要知道有哪些獲勝的組合，事實上這些組合就是用來判斷 AI 或者玩家兩方是否有任一方已經獲勝的基本條件。通常我們在程式中是利用陣列來儲存這些獲勝組合，並且在電腦或者玩家每下一步棋時，同步修改陣列中的內容，接著立刻判斷出電腦或玩家是否已完成某一獲勝的組合而贏得棋局。

我們使用了 10x10 大小的五子棋盤，底下先以圖示說明棋盤上可能
獲勝的組合並計算出這些組合的總數：

水平方向上的獲勝組合

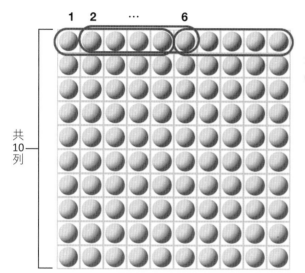

水平方向上的獲勝組合數：
6 x 10 = 60

垂直方向上的獲勝組合

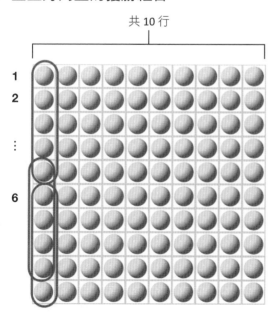

垂直方向上的獲勝組合數：
6 x 10 = 60

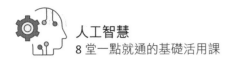
🌐 正對角方向上的獲勝組合

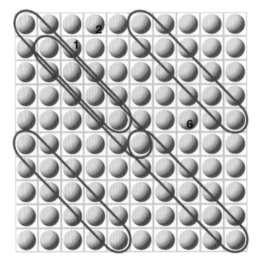

正對角方向上的獲勝組合數：
6 + (5 + 4 + 3 + 2 + 1) x 2 = 36

1 種組合

2 種組合

3 種組合

4 種組合

5 種組合

6 種組合

🌐 反對角方向上的獲勝組合

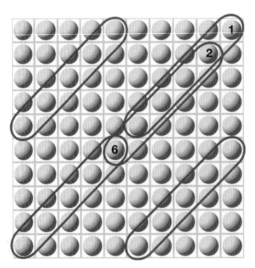

6 種組合

5 種組合

4 種組合

3 種組合

2 種組合

1 種組合

正對角方向上的獲勝組合數：
6 + (5 + 4 + 3 + 2 + 1) x 2 = 36

由上面幾個方向上累加計算，可以求出一個 10x10 的五子棋盤共有 192 種獲勝的組合，在算出了獲勝組合總數之後，接著要說明程式中是如何以陣列的型式來儲存這些獲勝組合，並建立獲勝表來設計電腦 AI 以及做為棋局勝負判定的參考。

2-3-2　獲勝表的建立

首先我們先來瞭解程式中對於棋盤上棋格位置的表示方式。在此我們是利用 10x10 的二維陣列來記錄所有棋格位置，每個棋格是以陣列的行列編號（元素索引值）來表示，如下所示：

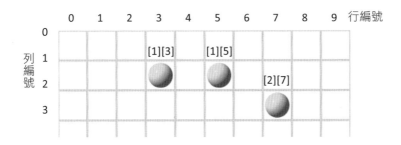

當各位瞭解棋子位置的表示方式後，接著要來研究將使用的獲勝表概念。獲勝表將被設計成一個三維的布林陣列，陣列的前兩個索引值是代表棋格位置，第 3 個陣列索引值則是遊戲中所有獲勝組合的編號，以下是獲勝表宣告的程式碼：

```
bool ptab[10][10][192];    // 玩家的獲勝表
bool ctab[10][10][192];    // 電腦的獲勝表
```

由於在前面計算出 10x10 大小的棋盤共有 192 種獲勝組合，因此上面獲勝表陣列第 3 個索引值的範圍是 0~191，其中每個索引值就代表著

各個獲勝組合的編號,也就是陣列元素所表示的意義就是某一棋格是否位在某個獲勝組合之中。

如果某一棋格是位於某個獲勝組合中時,便設定為 true。在這裡舉個例子,假設棋格 [3][2] 是位在編號為 1、99、111 的獲勝組合中,以玩家的獲勝表來說,底下所列這些元素的值將會是 true:

```
ptab[3][2][1]      =  true;
ptab[3][2][99]     =  true;
ptab[3][2][111]    =  true;
```

在棋局進行時,上面這些玩家獲勝表元素為 true 的條件必須是在棋格 [3][2] 為空或者是玩家的棋子,這樣才表示玩家有可能在 [3][2] 這個位置上由編號為 1、99、111 的這些獲勝組合中的其中一個獲勝。

反之,若棋格 [3][2] 被 AI 的棋子佔走了,玩家便無法在 [3][2] 這個位置上下棋子,因此各個元素的值將會被設定為 false:

```
ptab[3][2][1]      =  false;
ptab[3][2][99]     =  false;
ptab[3][2][111]    =  false;
```

而相反地,AI 獲勝表中相對元素的值則會是 true:

```
ctab[3][2][1]      =  true;
ctab[3][2][99]     =  true;
ctab[3][2][111]    =  true;
```

總的來說,程式中利用了玩家與電腦兩份獲勝表在棋局進行時,用來記錄兩方所下的棋子是否能夠在某些獲勝組合上達成五子連線,其中的內容也是設計電腦用來計算出最佳下子位置的依據。

在棋局剛開始時，程式會依照每個棋格位置所屬的獲勝組合來設定
獲勝表初始內容，由於剛開始時棋盤上並沒有任何棋子，因此玩家與電
腦獲勝表內容的初值會是一樣，之後隨著棋局的進行，兩者獲勝表陣列
中的元素值便隨著所下棋子位置以上述方式來做設定。

此外在程式中還將利用一個陣列來記錄玩家與電腦在 192 種獲勝組
合中各填入了幾顆棋子：

```
int        win[2][192];
```

這個 win 二維陣列中，第 1 個陣列索引值是代表玩家或電腦，我們
將以 0 代表玩家，1 代表電腦，至於第 2 個索引值則是獲勝組合編號，每
個陣列元素值是用來記錄玩家或電腦在各個獲勝組合中填入了幾顆棋子。

例如當玩家在 [3][2] 這個位置上放置了一顆棋子之後，那就等於是
玩家在包含 [3][2] 這個位置編號為 1、99、111 的獲勝組合中填入了一
顆棋子，因此 win 陣列中記錄玩家在這些獲勝組合填入棋子總數的元素
必須累加 1，而執行的程式碼如下所示：

```
win[0][1]++;       // 玩家在編號 1 的獲勝組合中的棋子數目累加 1
win[0][99]++;      // 玩家在編號 99 的獲勝組合中的棋子數目累加 1
win[0][111]++;     // 玩家在編號 111 的獲勝組合中的棋子數目累加 1
```

win 陣列元素值在正常情況下為 0~6，代表一方在各個獲勝組合中
填入了多少顆棋子，當元素值等於 5 或 6 時，便表示有一方已經完成了
某一獲勝組合的五子連線而贏得棋局。而當某一方獲勝組合中的位置被
對方佔走，那麼便無法在包含被佔走位置的獲勝組合上完成五子連線，
如此對應的元素值會直接設定為 7。

　　例如當玩家在 [3][2] 這個位置上下了一顆棋子之後，除了必須將 win 陣列裡代表玩家獲勝組合中包含位置 [3][2] 的元素值累加 1 外，還必須將代表電腦獲勝組合中包含位置 [3][2] 的元素值設為 7：

```
win[1][1] = 7;        // 電腦已無法由編號 1 的獲勝組合上贏得棋局
win[1][99] = 7;       // 電腦已無法由編號 99 的獲勝組合上贏得棋局
win[1][111] = 7;      // 電腦已無法由編號 111 的獲勝組合上贏得棋局
```

　　接著我們將繼續來說明整個五子棋遊戲電腦決策 AI 的設計重點，也就是關於棋格獲勝分數的計算方式與運用概念。

2-3-3　計算棋格獲勝分數

　　在五子棋遊戲中，電腦決策 AI 的設計概念是在每次棋之前先計算所有空白棋格上的獲勝分數，接著再依據獲勝分數高低來決定哪一個空白棋格是最佳的下子位置。通常獲勝分數越高的棋格便表示在這個棋格下棋，將會有較高的獲勝機率。

　　至於獲勝分數的計算規則，是以包含棋格所在位置的獲勝組合中數目，與目前盤面上這些獲勝組合中已存在的棋子數多寡來累加棋格的獲勝分數，底下以幾個例子來說明獲勝分數的計算規則：

🌐 在可達成連線獲勝組合上擁有越多棋子棋格分數越高

　　就單一獲勝組合而言，棋格的獲勝分數是以可達成連線的獲勝組合上已放置的棋子數來設定，例如在下面的幾個圖示中，假設當某一獲勝組合中已放置 2、3、4 顆棋子時，其上空棋格的獲勝分數分別為 20、50、1000：

● 獲勝組合中已放置 2 顆棋子

● 獲勝組合中已放置 3 顆棋子

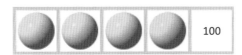

● 獲勝組合中已放置 4 顆棋子

由以上圖示説明中，當可達成連線獲勝中已放置的棋子數越多，那麼在這個獲勝組合上的空棋格下棋子而贏得棋局的機會就越大，尤其是當已放置了 4 顆棋子時，必須在第 5 個空棋格上設定絕對高值的分數。

除了上面所介紹的棋格分數基本的設定方式外，還必須考慮當獲勝組合上有部份的位置被對手棋格佔走，而無法達成五子連線的狀況。當這樣情況發生時，獲勝組合上空棋格的獲勝分數可直接設定為 0。下圖便是當獲勝組合中已填入兩顆棋子，對於未被對手佔走棋格位置以及被對走佔走棋格位置的兩種情況：

對手棋子

右邊圖示中，當獲勝組合中有任一位置被對手棋子佔走，那麼所有空棋格的獲勝分數直接設定為0，而這是在單一獲勝組合情況下。事實上，由於棋盤上的每一棋格有可能會位在多種獲勝組合之中，因而棋格上獲勝總分，則會以累加的方式來計算。

🌐 依照棋格所在位置，可達成連線獲勝組合總數與進行分數加總

由於10x10棋盤上共有192種的獲勝組合，而棋格的獲勝分數則是在所有單一獲勝組合上分數加總，當加總後的分數越高，就表示在棋格上下棋會有較高的獲勝率。底下我們簡單的利用一個5x5大小的棋盤來解釋這樣的計算方式：

	0	1	2	3	4
0	⚫	⚫	20	25	40
1	10	25	5	⚫	5
2	5	20	20	5	0
3	10	⚫	5	10	5
4	25	20	0	5	0

上圖中空白棋格中的數字就是棋格加總後的獲勝分數，在此僅以每一獲勝組合中最多兩顆棋子為例來做說明，並且假設當棋格落在已放置一顆棋子的獲勝組合分數為5，而落在已放置兩顆棋子的獲勝組合分數為20。

　　就以盤面上所標示的最佳下棋子的位置 [4][4] 來說，由於它所在的水平與反對角線方上的獲勝組合中都包含兩顆棋子，因此對單一獲勝組合來看，該位置獲勝分數皆為 20，而累加的結果便是 40。

　　接著我們再考慮圖中 [3][0] 位置，由於它所在的水平與垂直方向獲勝組合中，各包含了一顆棋子，而單一獲勝組合中包含一顆棋子獲勝分數為 5，因此 [3][0] 這個位置上的獲勝分數便為 10。

　　依此類推，我們可以推論出其他棋格上的獲勝分數，而在遊戲進行時的實際計算，還必須去判斷各個單一獲勝組合上是否有某些棋格位置被對手的棋子佔走而無法達成連線，並依獲勝組合中已填入的棋子數來增減獲勝分數的比重，最後累加所有單一組合上棋格的獲勝分數，便是棋格真正的獲勝分數。

1. 請在遊戲 AI 的應用上，説明有限狀態機的概念。

2. 請敘述類神經網路（Artificial Neural Network）的內容。

3. 遊戲人工智慧通常具有哪幾種模式？

4. 人工生命（Artificial Life）的內容為何？

5. 請簡單説明模糊邏輯的概念與應用。

6. 何謂基因演算法（Genetic Algorithm），試舉例説明在遊戲中的應用。

7. 請簡述 A* 演算法與 Dijkstra's 演算法的不同之處。

8. 什麼是轉置矩陣？試簡單舉例説明。

3 雲端運算與物聯網的 AI 智慧攻略

我們可以這樣形容:「Internet 不是萬能,但在現代生活中,少了 Interent,那可就萬萬不能!」隨著網路技術和頻寬的發展,雲端計算 (Cloud Computing) 應用已經被視為下一波網路與 AI 科技的重要商機,所謂「雲端」其實就是泛指「網路」,希望以雲深不知處的意境,來表達無窮無際的網路資源,更代表了規模龐大的運算能力,雲端運算 (Cloud Computing) 就是透過網際網路所提供的一種更大規模與方便的運算模式,隨著雲端運算的發展與應用,不僅使效率提升,更大幅降低成本。

● 雲端運算背後隱藏了龐大商機

雲端運算對企業與客戶提供了更大的便利、規模和彈性,Google 雲端資深副總裁 Diane Greene 曾說:「雲端已經不只是日常拿來儲存的工具,或是當作水電瓦斯般取用的運算能力,而是可以幫助企業獲利的超強工具。」經濟部統計,雲端產業全球產值將從 2017 年的 539 億美元,逐年上升至 2020 年的 930 億美元,預估年成長率達 20.1%。最近幾年

人工智慧不斷深入各種領域，其實當資料上雲端，就是展現人工智慧魔術的時候了，特別是未來人工智慧的發展更與雲端技術的儲存與運算能力息息相關，隨著 5G 商用化的腳步加快，將讓醫療、生活、教育、交通、娛樂領域都產生顛覆性創新應用，也將更有助於人工智慧的應用普及。

> **TIPS**
>
> 5G（Fifth-Generation）指的是第五代行動電話系統，由於大眾對行動數據的需求年年倍增，因此就會需要第五代行動網路技術，5G 未來將可實現 10Gbps 以上的傳輸速率。這樣的傳輸速度下可以在短短 6 秒中，下載 15GB 的高畫質電影，簡單來說，在 5G 時代，數位化通訊能力大幅提升，並具有「高速度、低遲延、多連結」的三大特性。

3-1 雲端運算簡介

雲端運算的熱潮不是憑空出現，而是多種技術與商業應用的發展成熟，Google 是最早提出雲端運算概念的公司，最初 Google 開發雲端運算平台是為了能把大量廉價的伺服器集成起來，以支援自身龐大的搜尋服務，最簡單的雲端運算技術在網路服務中已經隨處可見，例如「搜尋引擎、網路信箱」等，進而共用的軟硬體資源和資訊可以按需求提供給電腦各種終端和其他裝置。Google 執行長 Eric Schmidt 在演說中更大膽的說：「雲端運算引發的潮流將比個人電腦的出現影響更為龐大與深遠！」

💡 Google 是最早提出雲端運算概念的公司

3-1-1　雲端運算與雲端服務

　　雲端運算實現了讓虛擬化公用程式演進到軟體即時服務的夢想，也就是只要使用者能透過無所不在的網路，由用戶端登入遠端伺服器進行操作，並能快速配置與發佈運算資源，就可以稱為雲端運算。簡單來說，雲端運算的功用就是將分散在不同地理位置的電腦共同聯合組織成一個虛擬的超級大電腦，運算能力並藉由網路慢慢聚集在伺服端，伺服端也因此擁有更大量的運算能力。

💡 微軟的 Azure 是人工智慧最佳的雲端平台

TIPS

　　微軟不但構建起了全球最大的雲端運算網路，提供全球顧客更多儲存資料的選擇，Azure 是 Microsoft 開發的雲端平台，微軟更投入大量的資源在智慧雲端服務，可以建置包括分析影像、理解語音、使用資料進行預測，以及模擬其他 AI 行為的解決方案，並為客戶提供了使用這些雲端服務的專屬連結。

　　雲端運算的目標就是未來每個人面前的電腦，都將會簡化成一台最陽春的終端機，只要具備上網連線功能即可，共用的軟硬體資源和資訊可以按需求提供給各種終端和其他裝置，將終端設備的運算分散到網際網路上眾多的伺服器來幫忙，未來要讓資訊服務如同水電等公共服務一般，隨時都能供應。

🔵 雲端運算要讓資訊服務如同家中水電設施一樣方便

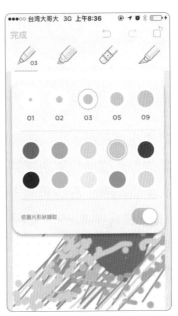

🔵 Evernote 雲端筆記本是目前很流行的雲端服務

所謂雲端運算的應用，其實就是「網路應用」，如果將這種概念進而衍伸到利用網際網路的力量，也就是「雲端服務」的基本概念。隨著個人行動裝置正以驚人的成長率席捲全球，成為人們使用科技的主要工具，不受時空限制，就能即時把聲音、影像等多媒體資料傳送到電腦、平板裝置上，也讓雲端服務的真正應用達到了最高峰階段。

3-2 認識雲端運算技術

對企業與使用者而言，雲端運算就像是擁有取之不盡的運算資源，只要打開瀏覽器，有網路連線隨時就能夠使用，雲端運算背後所隱藏的龐大商機、正吸引著 Google、Microsoft、IBM、Apple 等科技龍頭積極投入大量資源。2020 年全球新冠病毒疫情肆虐，更帶動雲端辦公需求的大幅成長，微軟旗下雲端服務使用量暴增七倍以上，由於網路購物也是採用雲端運算，電子商務無疑是此次疫情中最大的受益者。

○ 雲端運算帶動電子商務快速興起，小資族可以輕鬆在雲端開店

企業營運規模不分大小，普遍都已體會到雲端運算的導入價值，雲端運算可不是憑空誕生，之所以能有今日的雲端運算，其實不是任何單一技術的功勞，包括多核心處理器與虛擬化軟體等先進技術的發展，以及寬頻連線的無所不在，基本上，雲端運算之所以能夠統整運算資源，應付大量運算需求，關鍵就在以下兩種技術。

● 國際知名大廠 VMWare 推出許多完整的雲端服務產品

3-2-1　分散式運算

雲端運算的基本原理源自於網格運算（Grid Computing），實現了以分散式運算（Distributed Computing）技術來創造龐大的運算資源，不過相較於網格運算重點在整合眾多異構平台，雲端運算更容易協調伺服器間的資訊傳遞，讓分散式處理的整體效能更好。雲端運算主要解決大型的運算任務，也就是將需要大量運算的工作，分散給很多不同的電腦一齊來運算，以完成單一電腦無力勝任的工作。「分散式運算」技術是一種架構在網路之上的系統，也就是讓一些不同的電腦同時去進行某些運算，或者是說將一個大問題分成許多部分，分別交由眾多電腦各自運算再彙整結果，強調在本地端資源有限的情況下，利用網路取得遠方的運算資源。

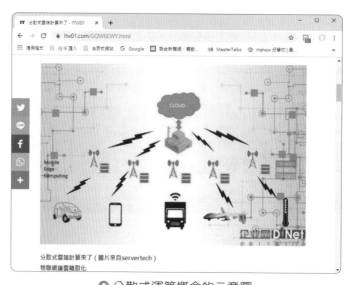

◎ 分散式運算概念的示意圖

圖片來源 :https://itw01.com/GQW6EWY.html

　　雲端分散式系統架構中，可以藉由網路資源共享的特性，提供給使用者更強大豐富的功能，並藉此提高系統的計算效能，任何遠端的資源都被作業系統視為本身的資源，而可以直接存取，並且讓使用者感覺起來像在使用一台電腦。透過分散式運算架構的運算需求就可以快速分派給數千數萬台伺服器來執行，然後再將結果集合起來，充分發揮最高的運算效率。例如 Google 的雲端服務就是分散式運算的典

◎ Google 雲端服務都是使用分散式運算

型，其將成千上萬的低價伺服器組合成龐大的分散式運算架構，利用網路將多台電腦連結起來，透過管理機制來協調所有電腦之間的運作，以創造高效率的運算。在雲端運算架構中，只要透過任何連接網際網路的裝置，就可以從世界上任何地方進行存取資源。

3-2-2　虛擬化技術

「虛擬機」（Virtual Machine）概念最早是出現在 1960 年代，主要的目的是為了提高珍貴的硬體資源利用率，並將硬體抽象化，使多重工作負載可共用一組資源。根據切割硬體資源進行與彈性分配的最高原則，可允許一台實體主機同時執行多個作業系統，方法就是在一台實體主機內執行多個虛擬主機，之後由於需求的變化及軟硬體技術的更新，開始演進出許多種不同的應用型態，促使企業對虛擬技術的研究與應用。例如像 CPU 運作的虛擬記憶體的概念，允許執行中的程式不必全部載入主記憶體中，作業系統就能創造出一個多處理程式的假象，因此程式的邏輯地址空間可以大於主記憶體的實體空間，也就是作業系統將目前程式使用的程式段（程式頁）放主記憶體中，其餘則存放在輔助記憶體（如磁碟），程式不再受到實體記憶體可用空間的限制。

所謂雲端運算的虛擬化技術，就是將伺服器、儲存空間等運算資源予以統合，讓原本運行在真實環境上的電腦系統或元件，運行在虛擬的環境中，這個目的主要是為了提高硬體資源充分利用率，最大功用是讓雲端運算可以統合與動態調整運算資源，因而可依據使用者的需求迅速提供運算服務，讓愈來愈強大的硬體資源可以得到更充分的利用，因此虛擬化技術是雲端運算很重要的基礎建設。透過虛擬化技術主要可以解決實體設備異質性資源的問題，虛擬化主要是透過軟體以虛擬形式呈現的過程，例如虛擬的應用程式、伺服器、儲存裝置和網路。

通常在幾分鐘內就可以在雲端建立一台虛擬伺服器，每一台實體伺服器的運算資源都換成了許多虛擬伺服器，而且能在同一台機器上運行多個作業系統，比如同時運行 Windows 和 Linux，方便跨平台開發者，加上這些虛擬的運算後，資源可以統整在一起，充分發揮伺服器的性

能，達到雲端運算的彈性調度理想，任意分配運算等級不同的虛擬伺服器。因此即使虛擬伺服器所在的實體機器發生故障，虛擬伺服器亦可快速移到其已設置好虛擬化軟體的硬體上，系統不需要重新安裝與設定，新硬體與舊硬體也不必是相同規格，可以大幅簡化伺服器的管理。

3-3 雲端運算服務模式

美國國家標準和技術研究院（National Institute of Standards and Technology, NIST）針對雲端運算明確定義了三種服務模式：

⊙ 知名硬體大廠 IBM 也提供三種雲端運算服務

3-3-1 軟體即服務（SaaS）

「軟體即服務」（Software as a service, SaaS）是一種軟體服務供應商透過 Internet 提供應用的模式，意指讓使用者不須下載軟體到本機上與不占用硬體資源的情況下，供應商透過訂閱模式提供軟體與應用程式給使用者，SaaS 常被稱為「隨選軟體」，用戶只要透過租借基於 Web 的軟體，不需要對軟體進行維護，即可以利用租賃的方式來取得軟體的服務。

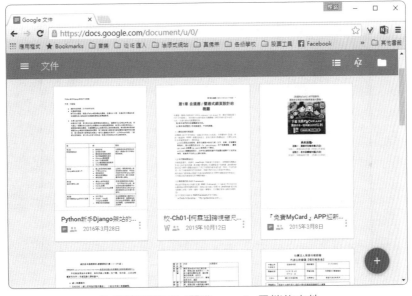

⊙ 瀏覽器就可以開啟 Google 雲端的文件

TIPS

　　Google 公司所提出的雲端 Office 軟體概念，稱為 Google 文件（Google docs），讓使用者以免費的方式，透過瀏覽器及雲端運算就可以編輯文件、試算表及簡報。各位也能從任何設有網路連線和標準瀏覽器的電腦，隨時隨地變更和存取文件，也可以邀請其他人一起共同編輯內容。

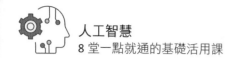

3-3-2　平台即服務（PaaS）

「平台即服務」（Platform as a Service, PaaS）是在 SaaS 之後興起的一種新的架構，也是將開發平台作為服務提供給使用者的服務模式，主要針對軟體開發者提供完整的雲端開發環境，公司的研發人員可以編寫自己的程式碼，也可以在其應用程式中建構新功能。由於軟體的開發和運行都是基於同樣的平台，讓開發者只需管所開發的應用程式與服務，即能用更低的成本開發完畢並上線，其他則交由平台供應商協助進行監控和維護管理。

🔎 Google App Engine 是全方位管理的 PaaS 平台

3-3-3　基礎架構即服務（IaaS）

「基礎架構即服務」（Infrastructure as a Service, IaaS）是由供應商提供使用者運算資源存取，傳統基礎架構經常與舊式核心應用程式有關，以致無法輕易移轉至雲端典範，消費者可以使用「基礎運算資源」，如 CPU 處理能力、儲存空間、網路元件或仲介軟體，也就是將主

機、網路設備租借出去，讓使用者在業務初期可以依據需求租用、不必花大錢建置硬體。例如：Amazon.com 透過主機託管和發展環境，提供 IaaS 的服務項目，例如中華電信的 HiCloud 即屬於 IaaS 服務。

● 中華電信的 HiCloud 即屬於 IaaS 服務

3-4 雲端運算的部署模式

今天有越來越多企業投向雲端的懷抱，以求提高 IT 資源更有效符合業務需求，即使是規模較小的企業，也可利用雲端運算的好處，取得不輸大企業的龐大運算資源。雲端運算依照其服務對象的屬性，可區分為大眾、單一組織、多個組織等，而發展成 4 種雲端運算部署模式，分別是公有雲、私有雲、混合雲、社群雲。

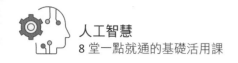

3-4-1 公有雲

公有雲（Public Cloud）是透過網路及第三方服務供應者，也就是由銷售雲端服務的廠商所成立，提供一般公眾或大型產業集體使用的隨選運算服務基礎設施，大多數耳熟能詳的雲端運算服務，絕大多數都屬於公有雲的模式，通常公有雲價格較低廉，並透過網際網路提供給多個租戶共用，任何人都能輕易取得運算資源，其中包括許多免費服務。

💡 Microsoft Azure 成為台灣企業相當喜愛的公有雲

3-4-2 私有雲

私有雲（Private Cloud）和公有雲一樣，都能為企業提供彈性的服務，而最大的不同在於私有雲是一種完全為特定組織建構的雲端基礎設施，可將運算資源交由組織專屬運用，並由單一組織負責系統管理可以部署在企業組織內，也可部署在企業外。

🔵 宏碁推出的私有雲方案相當受到中小企業歡迎

3-4-3　社群雲

社群雲（Community Cloud）是由多個組織共同成立，可以由這些組織或第三方廠商來管理，基於有共同的任務或需求（如安全、法律、制度等）的特定社群共享的雲端基礎設施，例如學校、非營利單位、衛生機構等，所有的社群成員共同使用雲端上資料及應用程式。

🔵 IBM 所提出的智慧社群雲方案

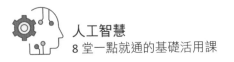

3-4-4　混合雲

混合雲（Hybrid Cloud）結合 2 個或多個獨立的雲端運算架構（私有雲、社群雲或公有雲），混合雲是一種較新的概念，讓資料與應用程式擁有可攜性，使用者通常將非企業關鍵資訊直接在公有雲上處理，但關鍵資料則以私有雲的方式來處理。

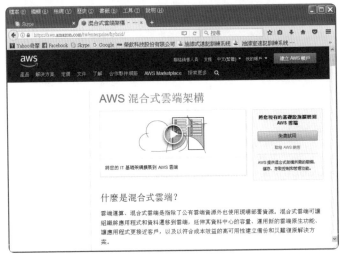

⦿ AWS 混合式雲端架構

3-5　Google 的 AI 雲端服務

在網路的世界中，Google 的雲端服務平台最為先進與完備，近年來更透過強大的 AI 演算法，提升 Google 在軟體產品服務上的應用功能。Google 雲端服務主要是以個人應用為出發點，目前最熱門的雲端運算平台所提供的應用軟體非常多樣，例如：Gmail、Google 線上日曆、Google Keep 記事與提醒、Google 文件、雲端硬碟、Google 表單、Google 相簿、Google 地圖、YouTube、Google Play、Google Classroom… 等。Google 旗

下產品之所以能發揮最大的應用效益，背後靠的就是 AI 演算法的核心關鍵技術。

3-5-1　Gmail 與自動過濾垃圾郵件

Google 的電子郵件服務為 Gmail，它除了提供超大量的免費儲存空間外，還可輕易擋下垃圾郵件，而且也將即時訊息整合到電子郵件中，Gmail 的垃圾郵件過濾使用 AI 技術偵測與防堵，並在平時就會訓練 Gmail 未來辨識垃圾與正常郵件的能力，盡可能讓每封重要信件都能寄達信箱，而且不會看見不想要的垃圾郵件。

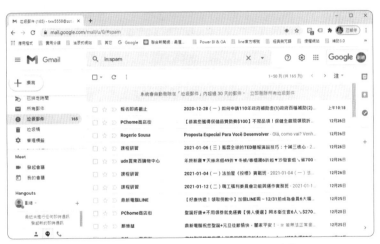

● Gmail 過濾垃圾郵件也是利用 AI 功能

3-5-2　Google 相簿的智慧編修功能

數位時代很多東西都已經數位化，年輕人喜歡美而新鮮的事物，尤其是智慧型手機在手，走到哪裡拍到哪裡，特別是用戶可以利用智慧型手機所拍攝下來的相片，透過許多編輯工具能將照片提升亮度、銳利化、或調整角度與濾鏡功能，因為拍攝的相片 / 影片越來越多，相機空

間總是不夠用，那麼你就需要使用 Google 相簿了。Google 相簿除了可以妥善保管和整理相片外，也可以和他人共享 / 共用相簿，還能進行美化、建立動畫效果、製作美術拼貼…等處理，不管相片是在手機上、電腦上，都可以進行管理，相當方便實用。

🔘 有智慧的 Google 雲端相簿

圖片來源：https://photos.google.com/apps

按此鈕上傳相片

🔘 Google 相簿除也可以和你的親友閨蜜共享 / 共用相簿

　　例如 Google 雲端相簿內建 AI 修圖功能，讓濾鏡來做智慧型調整，包括亮度、陰影、暖色調與飽和度等，對細部物體的調色更亮麗。

選取效果後，按下「完成」鈕完成調整

旋轉
基本調整
色彩濾鏡

　　甚至透過人工智慧與影像辨識技術能辨識出圖片中的文字，讓用戶可以直接輸入文字搜尋到相片。

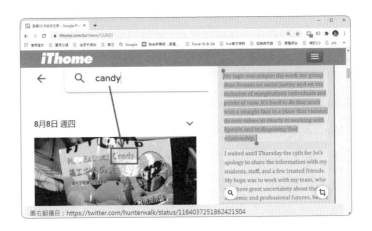

圖右翻攝自：https://twitter.com/hunterwalk/status/1164037251862421504

3-5-3 雲端硬碟的智慧選檔功能

Google 雲端硬碟（Google Drive）能夠讓各位儲存相片、文件、試算表、簡報、繪圖、影音等各種內容，讓你無論透過智慧型手機、平板電腦或桌機，在任何地方都可以存取雲端硬碟中的檔案。雲端硬碟中的文件、試算表和簡報，也可以邀請他人查看、編輯您指定的檔案、資料夾或加上註解，輕鬆與他人線上進行協同作業。

⊕ Google 雲端硬碟可以連結到超過 100 個以上的雲端硬碟應用程式

Google 雲端硬碟也加入了稱為 Priority in Drive 的 AI 智慧判斷功能，會根據用戶的日常操作，包括開啟檔案、編輯、更新、分享、評論、頻率、協作者等因素，以及重新命名等動作訊號，判斷用戶需要優先存取的高優先級檔案及執行動作，讓用戶能夠越快查詢並取得需要的資訊，並具有「工作區」以幫助您組織文件。

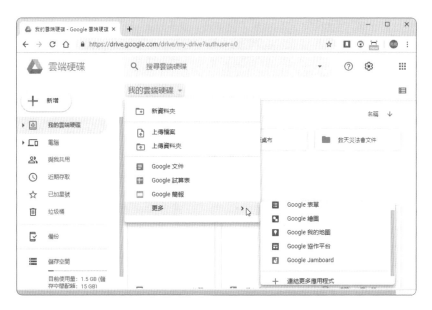

🔘 Google 雲端硬碟會判斷用戶需要優先存取的檔案與動作，更會透過
演算法針對前後文給予句子建議

3-5-4　Google 文件的智慧撰寫功能

　　Google 文件（Google docs）可以讓使用者以免費的方式，透過瀏覽器及雲端運算來編輯文件、試算表及簡報。Google 針對企業用戶（G Suite），提供智慧撰寫（Smart Compose）功能，利用 AI 預測用戶想要書寫的內容與前後文，給予相關句型建議、自動校正功能等，並根據用戶過往的輸入風格，來給予個人化的提示，幫助使用者更快速便利寫出文件，包括節省重覆輸入時間、減少拼錯字或文法錯誤等。

按此鈕會顯示主選單，可切換到「試算表」或「簡報」

按此鈕建立新文件

● 從雲端開啟 Google 文件，就可以進行文件管理和格式設定

3-6 邊緣運算與 AI 的不解情緣

　　我們知道傳統的雲端資料處理都是在終端裝置與雲端運算之間，這段距離不僅遙遠，當面臨越來越龐大的資料量時，更會延長所需的傳輸時間。特別是人工智慧運用於日常生活層面時，常因網路頻寬有限、通訊延遲與缺乏網路覆蓋等問題，遭遇極大挑戰，未來 AI 從過去主流的雲端運算模式，必須大量結合邊緣運算（Edge Computing）模式，搭配 AI 與邊緣運算能力的裝置，也將成為幾乎所有產業和應用的主導要素。據國內工研院估計，到 2022 年時，將會有高達 75% 的資料處理工作不在雲端資料中心完成，而是透過靠近用戶的邊緣運算設備來處理。因為邊緣運算可以減少在遠端伺服器上往返傳輸資料進行處理所造成的延遲及頻寬問題。

◉ 雲端運算與邊緣運算架構的比較示意圖

圖片來源：https://www.ithome.com.tw/news/114625

3-6-1 認識邊緣運算

「邊緣運算」（Edge Computing）屬於一種分散式運算架構，可讓企業應用程式更接近本端邊緣伺服器等資料，資料不需要直接上傳到雲端，而是盡可能靠近資料來源以減少延遲和頻寬使用，目的是減少集中遠端位置執行的運算量，從而最大限度地減少異地用戶端和伺服器之間必須發生的通訊量。邊緣運算因為將運算點與數據生成點兩者距離縮短，而具有了「低延遲」（Low latency）的特性，這樣一來資料就不需要再傳遞到遠端的雲端空間。

◉ 音樂類 App 透過邊緣運算，聽歌不會卡卡

例如隨著全球行動裝置快速發展，在智慧型手機普及的今日，各種 App 都在手機

上運作，邊緣運算的最大優點是可以拉近資料和處理器之間的物理距離，例如在處理資料的過程中，把資料傳到在雲端環境運行的 App，勢必會慢一點才能拿到答案；如果要降低 App 在執行時出現延遲，就必須傳到鄰近的邊緣伺服器，速度和效率就會令人驚艷，如果開發商想要提供給用戶更好的使用體驗，最好將大部份 App 資料移到邊緣運算中心進行運算。

3-6-2 無人機與多人電競遊戲

許多分秒必爭的 AI 運算作業更需要進行邊緣運算，這些龐大作業處理不用將工作上傳到雲端，可以即時利用本地邊緣人工智慧，便可瞬間做出判斷，像是自動駕駛車、醫療影像設備、擴增實境、虛擬實境、無人機、行動裝置、智慧零售等應用項目，這些最需要低延遲特點來加快現場即時反應，減少在遠端伺服器上往返傳輸資料進行處理所造成的延遲及頻寬問題。例如無人機需要 AI 即時影像分析與取景技術，由於即時高清影像低延傳輸與運算大量影像資訊，只有透過邊緣運算，資料就不需要再傳遞到遠端的雲端，而加快無人機 AI 處理速度，在即將來臨的 AI 新時代，邊緣運算象徵了無限可能的全新契機。

🔘 無人機需要即時影像分析，邊緣運算可以加快 AI 處理速度

　　伴隨著電競行業的火爆態勢，近年來更是風靡全球，帶來全新的娛樂型態，不論是手遊或者桌機上的多人電競遊戲，大型電競比賽更以要求高性能、低延遲的運算速度為口號，還要能通過同時大量傳輸影像的考驗，讓參賽者在公平的基礎下享受競速對戰的樂趣。對於錙銖必較的遊戲玩家來說，在瞬息萬變、殺聲震天的遊戲戰場中，只要出現一個操作上的 lag，可能就錯失攻擊敵人的先機，這時候能夠讓你的遊戲跑的順不順、程式 Run 的快不快，可不是買一支最新的旗艦手機或者價格昂貴的頂級主機能夠解決，也只有邊緣運算能夠提供足夠的速度感滿足玩家的胃口，因為下一次當你要攻擊敵人的時候，可能就贏在這 0.01 秒之間，遊戲業者能提供邊緣運算將直接影響到遊戲的效能，可以確保你在整年都能夠舒心快活地跑 3A 級大作。

圖片來源：https://cnews.com.tw/120180424a01/

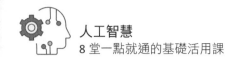
3-7 智慧物聯網的未來

當人與人之間隨著網路互動而增加時，萬物互聯的時代已經快速降臨，物聯網（Internet of Things, IOT）就是近年資訊產業中非常熱門的議題，張忠謀曾於出席台灣半導體產業協會年會（TSIA）中指出：「下一個 big thing 為物聯網，將是未來五到十年內，成長最快速的產業，要好好掌握住機會。」他認為物聯網是個非常大的構想，很多東西都能與物聯網連結。

🔵 國內最具競爭力的台積電公司把物聯網視為未來發展重心

3-7-1 物聯網（IOT）簡介

物聯網（Internet of Things, IOT）是近年資訊產業中一個非常熱門的議題，物聯最早的概念是在 1999 年時由學者 Kevin Ashton 所提出，是指將網路與物件相互連接，實際操作上是將各種具裝置感測設備的物品，例如 RFID、藍牙 4.0 環境感測器、全球定位系統（GPS）、雷射掃描器等種種裝置，與網際網路結合起來而形成的一個巨大網路系統，全球

所有的物品都可以透過網路主動交換訊息，越來越多日常物品也會透過網際網路連線到雲端，透過網際網路技術讓各種實體物件、自動化裝置彼此溝通和交換資訊。

> **TIPS**
>
> 「無線射頻辨識技術」（Radio Frequency Identification）是一種自動無線識別數據獲取技術，可以利用射頻訊號以無線方式傳送及接收數據資料。藍牙 4.0 技術主要支援「點對點」（point-to-point）及「點對多點」（point-to-multi points）的連結方式，目前傳輸距離大約有 10 公尺，每秒傳輸速度約為 1Mbps，預估未來可達 12Mbps，而有機會成為物聯網時代的無線通訊標準。

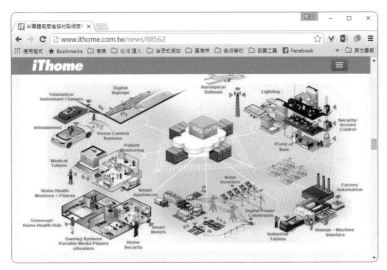

🔘 物聯網系統的應用概念圖

圖片來源：www.ithome.com.tw/news/88562

3-7-2　物聯網的架構

物聯網的運作機制依照實際用途來看，在概念上可分成 3 層架構，由底層至上層分別為感知層、網路層與應用層：

- **感知層**：主要是作為識別、感測與控制物聯網末端物體的各種狀態，對不同的場景進行感知與監控，主要可分為感測技術與辨識技術，包括使用各式有線或是無線感測器及如何建構感測網路，然後經由轉換元件將相關信號變為電子訊號，再透過感測網路將資訊蒐集並傳遞至網路層。

- **網路層**：則是如何利用現有無線或是有線網路來有效的傳送收集到的數據傳遞至應用層，特別是網路層不斷擴大的網路頻寬能夠承載更多資訊量，並將感知層收集到的資料傳輸至雲端、邊緣，或者直接採取適當的動作，並建構無線通訊網路。

- **應用層**：為了彼此分享資訊，必須使各元件能夠存取網際網路以及子系統重新整合來滿足物聯網與不同行業間的專業進行技術融合，同時也促成物聯網五花八門的應用服務，包括從環境監測、無線感測網路（Wireless Sensor Network, WSN）、能源管理、醫療照護（Health Care）、智慧照明、智慧電表、家庭控制與自動化、智慧電網（Smart Grid）等等。

🔵 物聯網的架構示意圖

圖片來源：https://www.ithome.com.tw/news/90461

3-7-3 智慧物聯網（AIoT）與電子商務

　　現代人的生活正逐漸進入一個「始終連接」（Always Connect）網路的世代，物聯網的快速成長，帶動了不同產業發展，除了資料與數據收集分析外，也可以回饋進行各種控制，這對於未來人類生活的便利性將有極大的影響，AI 結合物聯網（IoT）的智慧物聯網（AIoT）更將會是電商產業未來最熱門的趨勢，特別是電子商務為不斷發展的技術帶來了大量商業挑戰和回報率，未來電商可藉由智慧型設備來瞭解用戶的日常行為，包括輔助消費者進行產品選擇或採購建議等，並將其轉化為真正的客戶商業價值。

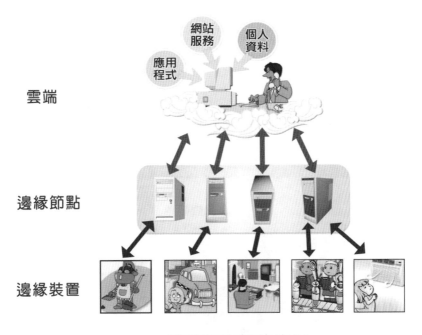

智慧物聯網的應用

　　物聯網的多功能智慧化服務被視為實際驅動電商產業鏈的創新力量，特別是將電商產業發展與消費者生活做了更緊密的結合，因為在物

聯網時代，手機、冰箱、桌子、咖啡機、體重計、手錶、冷氣等物體變得「有意識」且善解人意，最終的目標則是要打造一個智慧城市，未來搭載 5G 基礎建設與雲端運算技術，更能加速現代產業轉型。

近年來由於網路頻寬硬體建置普及、行動上網也漸趨便利，加上各種連線方式的普遍，網路也開始從手機、平板的裝置滲透至我們生活的各個角落，資訊科技與家電用品的應用，也是電商產業的未來發展趨勢之一。科技不只來自人性，更須適時回應人性，「智慧家電」（Information Appliance）是從電腦、通訊、消費性電子產品 3C 領域匯集而來，也就是電腦與通訊的互相結合，未來將從符合人性智慧化操控，能夠讓智慧家電自主學習，並且結合雲端應用的發展。各位只要在家透過智慧電視就可以上網隨選隨看影視節目，或是登入社交網路即時分享觀看的電視節目和心得。

● 透過手機就可以遠端搖控家中的智慧家電

圖片來源：http://3c.appledaily.com.tw/article/household/20151117/733918

　　在智慧化與數位化之外，許多品牌已從體驗行銷的角度紛紛跟進，例如智慧家庭（Smart Home）堪稱是利用網際網路、物聯網、雲端運算、人工智慧終端裝置等新一代技術，所有家電都會整合在智慧型家庭網路內，可以利用智慧手機 App，提供更為個人化的操控，甚至更進一步做到能源管理；例如聲寶公司首款智能冰箱，就具備食材管理、App 下載等多樣智慧功能。只要使用者輸入每樣食材的保鮮日期，當食材快過期時，會自動發出提醒警示，未來若能透過網路連線，適時推播相關行銷訊息，讓使用者能直接下單採買食材。

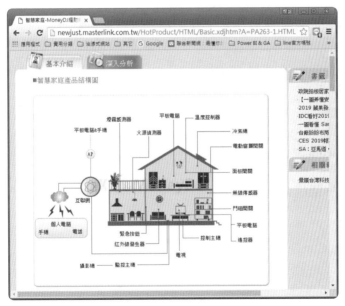

🔵 智慧家庭產品相關示意圖

圖片來源：http://newjust.masterlink.com.tw/HotProduct/HTML/Basic.xdjhtm?A=PA263-1.HTML

1. 請簡述雲端運算。

2. 美國國家標準和技術研究院的雲端運算明確定義了哪三種服務模式？

3. 何謂虛擬化技術？

4. 何謂混合雲（Hybrid Cloud）？

5. 試簡述 5G 及其 3 種特性。

6. 請說明雲端分散式系統架構的優點。

7. 何謂基礎架構即服務（IaaS）？

8. 請簡介邊緣運算（Edge Computing）。

9. 試說明物聯網（IOT）。

10. 物聯網的架構有哪三層？

4 大數據與 AI 的贏家必勝工作術

- ⊙ 大數據簡介
- ⊙ 大數據相關技術 — Hadoop 與 Spark
- ⊙ 從大數據到人工智慧

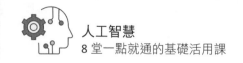

　　大數據時代的到來，徹底翻轉了現代人們的生活方式，繼雲端運算（Cloud Computing）之後，儼然成為學術界與科技業中最熱門的顯學，自從 2010 年開始，全球資料量已進入 ZB（zettabyte）時代，並且每年以 60%~70% 的速度向上攀升，面對不斷擴張的巨大資料量，正以驚人速度被創造出來的大數據，為各種產業的營運模式帶來新契機。特別是在使用行動裝置蓬勃發展、全球用戶使用行動裝置的人口數已經開始超越桌機，一支智慧型手機的背後就代表著一份獨一無二的個人數據！大數據應用已經不知不覺在我們生活周遭發生與流行，例如透過即時蒐集用戶的位置和速度，經過大數據分析，Google Map 就能快速又準確地提供用戶即時交通資訊。

透過大數據分析就能提供用戶最佳路線建議

TIPS

　　為了讓各位實際瞭解大數據資料量到底有多大，我們整理了大數據資料單位提供如下參考：

1 Terabyte=1000 Gigabytes=1000^9 Kilobytes

1 Petabyte=1000 Terabytes=1000^{12} Kilobytes

1 Exabyte=1000 Petabytes=1000^{15} Kilobytes

1 Zettabyte=1000 Exabytes=1000^{18} Kilobytes

4-1　大數據簡介

　　大數據議題越來越火熱的時代背景下，要發揮資料價值，不能光談大數據，AI 之所以能快速發展所取得的大部分成就都和大數據密切相關。因為 AI 下一個真正重要的命題，仍然離不開數據！大數據就像 AI 的養分，是絕對不能忽略，誰掌握了大數據，未來 AI 的半邊天就手到擒來。特別是人工智慧為這個時代的經濟發展提供了一種全新的能量，當然幕後功臣離不開大數據的支援，我們可以這樣形容：大數據是海量資料儲存與分析的平台，而 AI 是對這些資料做加值分析的最佳工具與手段。

4-1-1　資料科學與大數據

　　大數據議題的崛起，不斷地推動著這個世界往前邁進，「資料」在未來只會變得越來越重要，涉入我們生活的程度越來越深，也帶動了資料科學（Data Science）應用的需求。所謂「資料科學」實際上其涉獵的領域是多個截然不同的專業領域，也就是在模擬決策模型。資料科學可為企業組織解析大數據當中所蘊含的規律，就是研究從大量的結構性與非結構性資料中，透過資料科學分析其行為模式與關鍵影響因素，來發掘隱藏在大數據背後的商機。

　　資料的價值是得靠一連串的處理與分析轉換成有用的知識，最早將資料科學應用延伸至實體場域是在 90 年代初，全球零售業的巨頭 — Walmart 超市就選擇把店內的尿布跟啤酒擺在一起，透過帳單分析，找出尿片與啤酒產品間的關聯性，尿布賣得好的店櫃位附近啤酒也意外賣得很好，進而調整櫃位擺設及推出啤酒和尿布共同銷售的促銷手段，成功帶動相關營收成長，開啟了數據資料分析的序幕。

🔍 Walmart 對啤酒和尿布的研究，開啟了大數據分析的序幕

大數據現在不只是資料處理工具，更形成一種現代企業的思維和商業模式，大數據揭示的是一種「資料經濟」的精神，可能埋藏著前所未見的知識跟商機等著被我們挖掘發現。長期以來企業經營往往仰仗人的決策方式，往往導致決策結果不如預期，日本野村高級研究員城田真琴曾經指出：「與其相信一人的判斷，不如相信數千萬人提供的資料」，她的談話一語道出了大數據分析所帶來商業決策上的價值，因為採用大數據可以更加精準的掌握資料的本質與訊息。

🔍 Facebook 廣告背後隱藏了大數據技術

例如大數據技術將推動數位行銷產業朝向更精細化發展，從資料分析中獲取更新的商業資訊，特別是大數據技術徹徹底底改變了數位行銷的玩法，除了能創造高流量，還可以將顧

客行為數據化,非常精準在對的時間、地點、管道接觸目標客戶,企業可以更準確地判斷消費者需求與瞭解客戶行為,制定出更具市場競爭力的行銷方案。

4-1-2 大數據的特性

大數據的來源種類包羅萬象,大數據的格式也越來越複雜,如果一定要把資料分類的話,最簡單的方法是分成結構化與資料非結構化資料。那麼到底哪些是屬於大數據?坦白說,沒有人能夠告訴你,超過哪一項標準的資料量才叫大數據,不過如果資料量不大,可以使用電腦及常用的工具軟體處理,就用不到大數據資料的專業技術,也就是說,

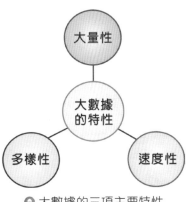

● 大數據的三項主要特性

只有當資料量巨大且有時效性的要求,就適合應用大數據技術來進行相關處理。

TIPS

　　結構化資料(Structured data)則是目標明確,有一定規則可循,每筆資料都有固定的欄位與格式,偏向一些日常且有重覆性的工作,例如薪資會計作業、員工出勤記錄、進出貨倉管理記錄等。非結構化資料(Unstructured Data)是指那些目標不明確,不能數量化或定型化的非固定性工作、讓人無從打理起的資料格式,例如社交網路的互動資料、網際網路上的文件、影音圖片、網路搜尋索引、Cookie 記錄、醫學記錄等資料。

大數據涵蓋的範圍太廣泛，許多專家對大數據的解釋又各自不同，在維基百科的定義，大數據是指無法使用一般常用軟體在可容忍時間內進行擷取、管理及分析的大量資料，我們可以這麼簡單解釋：大數據其實是巨大資料庫加上處理方法的一個總稱，是一套有助於企業組織大量蒐集、分析各種數據資料的解決方案，並包含以下四種基本特性：

- **巨量性（Volume）**：現代社會每分每秒都正在生成龐大的數據量，堪稱是以過去的技術無法管理的巨大資料量，資料量的單位可從 TB（terabyte，一兆位元組）到 PB（petabyte，千兆位元組）。

- **速度性（Velocity）**：隨著使用者每秒都在產生大量的數據回饋，更新速度也非常快，資料的時效性也是另一個重要的課題，反應這些資料的速度也成為他們最大的挑戰。大數據產業應用成功的關鍵在於速度，往往取得資料時，必須在最短時間內反應，許多資料要能即時得到結果才能發揮最大的價值，否則將會錯失商機。

- **多樣性（Variety）**：大數據技術徹底解決了企業無法處理的非結構化資料，例如存於網頁的文字、影像、網站使用者動態與網路行為、客服中心的通話記錄，資料來源多元及種類繁多。通常我們在分析資料時，不會單獨去看一種資料，大數據課題真正困難的問題在於分析多樣化的資料，彼此間能進行交互分析與尋找關聯性，包括企業的銷售、庫存資料、網站的使用者動態、客服中心的通話記錄；社交媒體上的文字影像等。

不過近年來隨著大數據的大量應用與儲存資料的成本下降，大數據的定義又從最早的 3V 變成了 4V，其中第四個 V 代表資料真實性（Veracity）。

■ 真實性（Veracity）：企業在今
日變動快速又充滿競爭的經營
環境中，取得正確的資料是相
當重要的，因為要用大數據創
造價值，所謂「垃圾進，垃圾
出」（GIGO），這些資料本身
是否可靠是一大疑問，不得不
注意數據的真實性。大數據資
料收集的時候必須分析並過濾
資料有偏差、偽造、異常的部

⊕ 大數據全新的四項特性

分，資料的真實性是數據分析的基礎，防止這些錯誤資料損害到資
料系統的完整跟正確性，就成為一大挑戰。

4-1-3 資料倉儲

「資料科學」之下有非常多針對數據研究及統計的方法，例如「資
料倉儲」（Data Warehouse）與「資料探勘」（Data mining），其主要都
是研究資料的儲存方案與關聯性。隨著企業中累積相關資料量的大增，
由於資料量太龐大，流動速度太快，促使我們不斷研發出新一代的資料
儲存設備及科技，如果沒有適當的管理技術，將會造成資料大量氾濫。
許多企業也為了有效的管理運用這些資訊，紛紛建立資料倉儲（Data
Warehouse）模式來來收集資訊以支援管理決策。

資料倉儲於 1990 年由 Bill Inmon 首次提出，是以分析與查詢為目
的所建置的系統，目的是希望整合企業的內部資料，並綜合各種外部資
料，經由適當的安排來建立一個資料儲存庫，使作業性的資料能夠以

現有的格式進行分析處理，讓企業的管理者能有系統的組織已收集的資料。

　　資料倉儲對於企業而言，是一種整合性資料的儲存體，且經常包含大量的歷史記錄資料，能夠適當的組合及管理不同來源資料的技術，兼具效率與彈性的資訊提供管道，可讓您在集中位置彙總不同資料來源以支援商業分析和報告。資料倉儲與一般資料庫雖然都可以存放資料，但是儲存架構有所不同，雖然大數據和資料倉儲的都是存儲大量的數據，傳統上資料倉儲以「資料集中儲存」為概念，不過在雲端大數據時代則強調「分散運用」，必須有能力處理和存儲鬆散的非結構化數據，面對資料科學運用的壓力，兩者的整合或交叉運用，勢必不可避免。

　　資料倉儲更能夠利用注入 AI 的混合式資料基礎，深入洞察客戶決策和組織運作，例如企業或店家建立顧客忠誠度必須先建立長期的顧客關係，而維繫顧客關係的方法即是要建置一個顧客資料倉儲，是作為支援決策服務的分析型資料庫，運用大量平行處理技術，將來自不同系統來源的營運資料作適當的組合彙總分析。通常可使用線上分析處理技術（OLAP）建立「多維資料庫」（Multi Dimensional Database），這有點像試算表的方式，整合各種資料類型，日後可以設法從大量歷史資料中統計、挖掘出有價值的資訊，能夠有效的管理及組織資料，進而幫助決策的建立。

> **TIPS**
>
> 　　線上分析處理（Online Analytical Processing, OLAP）可被視為是多維度資料分析工具的集合，使用者在線上即能完成的關聯性或多維度的資料庫（例如資料倉儲）的資料分析作業，並能即時快速地提供以決策支援為目的的整合性決策，主要是提供整合資訊

🔎 IBM 提供相當完整的資料倉儲解決方案

4-1-4 資料探勘

　　每個人的生活裡，都充斥著各式各樣的數據，從生日、性別、學歷、經歷、居住地等基本資料，再到薪資收入、帳單、消費收據、有興趣的品牌等等，這些數據堆積如山，就像一座等待開墾的金礦。資料探勘（Data Mining）就是一種資料分析技術，也稱為資料採礦，可視為資料庫中知識發掘的一種工具，資料必須經過處理、分析及開發才會成為最終有價值的產品，簡單來說，資料探勘像是一種在大數據中挖掘金礦的相關技術。

　　在數位化時代裡，氾濫的大量資料卻未必馬上有用，資料若沒有經過妥善的「加工處理」和「萃取分析」，本身的價值是尚未被開發與決定的，資料探勘可以從一個大型資料庫所儲存的資料中，萃取出隱藏於其中有著特殊關聯性（association rule learning）資訊的過程，主要利用自動化或半自動化的方法，從大量的資料中探勘、分析發掘出有意義

的模型以及規則，是將資料轉化為知識的過程，也就是從一個大型資料庫所儲存的大量資料中萃取出有用的知識，資料探勘技術係廣泛應用於各行各業中，現代商業及科學領域都有許多相關的應用，最終的目的是從資料中挖掘出想要的或者意外收穫的資訊。

例如資料探勘是整個 CRM 系統的核心，可以分析來自資料倉儲內所收集的顧客行為資料，資料探勘技術常會搭配其他工具使用，例如利用統計、人工智慧或其他分析技術，嘗試在現有資料庫的大量資料中進行更深層分析，發掘出隱藏在龐大資料中的可用資訊，找出消費者行為模式，並且利用這些模式進行區隔市場之行銷。

TIPS

「顧客關係管理」（Customer Relationship Management, CRM）的定義是指企業運用完整的資源，以客戶為中心的目標，讓企業具備更完善的客戶交流能力，透過所有管道與顧客互動，並提供優質服務給顧客，CRM 不僅僅是一個概念，更是一種以客戶為導向的運營策略。

國內外許多的研究都存在著許許多多資料探勘成功的案例，例如零售業者可以更快速有效的決定進貨量或庫存量。資料倉儲與資料探勘的共同結合可幫助建立決策支援系統，以便快速有效的從大量資料中，分析出有價值的資訊，幫助建構商業智慧與決策制定。

TIPS

「商業智慧」（Business Intelligence, BI）是企業決策者決策的重要依據，屬於資料管理技術的一個領域。BI 一詞最早是在 1989 年由美國加特那（Gartner Group）分析師 Howard Dresner 提出，主要是利用線上分析工具（如 OLAP）與資料探勘（Data Mining）技術來萃取、整合及分析企業內部與外部各資訊系統的資料，將各個獨立系統的資訊可以緊密整合在同一套分析平台，並進而轉化為有效的知識。

4-2 大數據相關技術—Hadoop 與 Spark

大數據是目前相當具有研究價值的未來議題,也是一國競爭力的象徵。大數據資料涉及的技術層面很廣,它所談的重點不僅限於資料的分析,還必須包括資料的儲存與備份,與將取得的資料進行有效的處理,否則就無法利用這些資料進行社群網路行為作分析,也無法提供廠商作為客戶分析。

身處大數據時代,隨著資料不斷增長,使得大型網路公司的用戶數量,呈現爆炸性成長,企業對資料分析和存儲能力的需求必然大幅上升,這些知名網路技術公司紛紛投入大數據技術,使得大數據成為頂尖技術的指標,洞見未來趨勢浪潮,獲取源源不斷的大數據創新養分,瞬間成了搶手的當紅炸子雞。

4-2-1 Hadoop

隨著分析技術不斷的進步,許多網路行銷、零售業、半導體產業也開始使用大數據分析工具,現在只要提到大數據就絕對不能漏掉關鍵技術 Hadoop 技術,主要因為傳統的檔案系統無法負荷網際網路快速爆炸成長的大量數據。Hadoop 是源自 Apache 軟體基金會(Apache Software Foundation)底下的開放原始碼計劃(Open source project),為了因應雲端運算與大數據發展所開發出來的技術,是一款處理平行化應用程式的軟體,它以 MapReduce 模型與分散式檔案系統為基礎。

Hadoop 使用 Java 撰寫並免費開放原始碼,用來儲存、處理、分析大數據的技術,兼具低成本、靈活擴展性、程式部署快速和容錯能力等特點,為企業帶來了新的資料存儲和處理方式,同時能有效地分散

系統的負荷，讓企業可以快速儲存大量結構化或非結構化資料的資料，遠遠大於今日關連式資料庫管理系統（RDBMS）所能處理的量，具有高可用性、高擴充性、高效率、高容錯性等優點。Hadoop 提供為大家所共識的 HDFS（Hadoop Distributed File System, HDFS）分佈式數據儲存功能，可以自動存儲多份副本，能夠自動將失敗的任務重新分配，還提供了叫做 MapReduce 的平行運算處理架構功能，因此 Hadoop 一躍成為大數據科技領域最炙手可熱的話題，發展十分迅速，儼然成為非結構資料處理的標準，徹底顛覆整個產業的面貌。

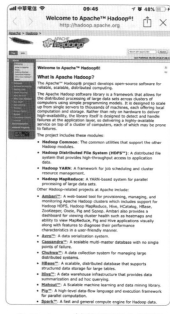

🌐 Hadoop 技術的官方網頁

基於 Hadoop 處理大數據資料的種種優勢，例如 Facebook、Google、Twitter、Yahoo 等科技龍頭企業，都選擇 Hadoop 技術來處理自家內部大量資料的分析，連全球最大連鎖超市業者 Walmart 與跨國性拍賣網站 eBay 都是採用 Hadoop 來分析顧客搜尋商品的行為，並發掘出更多的商機。

4-2-2　Spark

最近快速竄紅的 Apache Spark，是由加州大學柏克萊分校的 AMPLab 所開發，是目前大數據領域最受矚目的開放原始碼（BSD 授權條款）計畫，Spark 相當容易上手使用，可以快速建置演算法及大數據資料模型，目前許多企業也轉而採用 Spark 做為更進階的分析工具，也是目前相當看好的新一代大數據串流運算平台。

　　我們知道速度在大數據資料的處理上非常重要，為了能夠處理 PB 級以上的數據，Hadoop 的 MapReduce 計算平台獲得了廣泛採用，不過還是有許多可以改進的地方。例如 Hadoop 在做運算時需要將中間產生的數據存在硬碟中，因此會有讀寫資料的延遲問題，Spark 使用了「記憶體內運算技術（In-Memory Computing）」，大量減少了資料的移動，能在資料尚未寫入硬碟時即在記憶體內分析運算，能讓原本使用 Hadoop 來處理及分析資料的系統快上 100 倍。

🌐 Spark 官網提供軟體下載及許多相關資源

　　由於 Spark 是一套和 Hadoop 相容的解決方案，繼承了 Hadoop MapReduce 的優點，但是 Spark 提供的功能更為完整，可以更有效地支持多種類型的計算。IBM 將 Spark 視為未來主流大數據分析技術，不但因為 Spark 會比 MapReduce 快上很多，更提供了彈性「分佈式文件管理系統」（resilient distributed datasets, RDDs），可以駐留在記憶體中，然後直接讀取記憶體中的數據。Spark 擁有相當豐富的 API，提供 Hadoop Storage API，可以支援 Hadoop 的 HDFS 儲存系統，更支援了 Hadoop（包括 HDFS）所包括的儲存系統，使用的語言是 Scala，並支持 Java、Python 和 Spark SQL，各位可以直接用 Scala（原生語言）或者可以視應用環境來決定使用哪種語言來開發 Spark 應用程式。

4-3 從大數據到人工智慧

阿里巴巴創辦人馬雲在德國 CeBIT 開幕式上如此宣告:「未來的世界,將不再由石油驅動,而是由數據來驅動!」在國內外許多擁有大量顧客資料的企業,例如 Facebook、Google、Twitter、Yahoo 等科,龍頭企業,都紛紛感受到這股如海嘯般來襲的大數據浪潮。我們可以這樣形容大數據就如同資料金流,掌握大數據就是掌握金流。大數據應用相當廣泛,我們的生活中也有許多重要的事需要利用大數據來解決。

國內外許多擁有大量顧客資料的企業,都紛紛感受到這股如海嘯般來襲的大數據浪潮,這些大數據中遍地是黃金,不少企業更是從中嗅到了商機。大數據分析技術是一套有助於企業組織大量蒐集、分析各種數據資料的解決方案。大數據相關的應用,不完全只有那些基因演算、國防軍事、海嘯預測等資料量龐大才需要使用大數據技術,甚至橫跨電子商務、決策系統、廣告行銷、醫療輔助或金融交易…等,都有機會使用大數據技術。事實上,大數據中遍地是黃金,更是一場從管理到產業行銷的全面行動化革命,不少知名企業更是從中嗅到了商機,各種品牌紛紛大舉跨足大數據應用的範疇。

4-3-1 智慧叫車服務

例如台灣大車隊是全台規模最大的小黃車隊,透過 GPS 衛星定位與智慧載客平台全天候掌握車輛狀況,並充分利用大數據與 AI 技術,將即時的乘車需求提供給司機,讓司機更能掌握乘車需求,將有助降低空車率且提高成交率,並運用大數據資料庫,透過分析當天的天候時空情境和外部事件,精準推薦司機優先去哪個載客熱點載客,這是經由 AI

分析計程車乘客之歷史乘車時間與地點的
大數據，預測未來特定時間、特定地點的
乘車需求，進而優化與洞察出乘客最真正
迫切的需求，也讓乘客叫車更加便捷，提
供最適當的產品和服務。

🔘 台灣大車隊利用大數據提
供更貼心的叫車服務

4-3-2 智慧精準行銷

　　大數據是智慧零售不可忽視的利器，當大數據結合了精準行銷，將
成為最具革命性的數位行銷大趨勢，顧客不僅變成了現代真正的主人，
店家主導市場的時光已經一去不復返了。行銷人員可以藉由大數據分
析，將網友意見化為改善產品或設計行銷活動的參考，深化品牌忠誠，
甚至挖掘潛在需求。在大數據的幫助下，消費者輪廓將變得更加全面和
立體，包括使用行為、地理位置、商品傾向、消費習慣都能記錄分析，
就可以更清楚地描繪出客戶樣貌，更可以協助擬定最源頭的行銷策略，
進而更精準的找到潛在消費者，行銷人員將可以更加全面的認識消費
者，從傳統亂槍打鳥式的行銷手法進入精準化個人行銷，洞察出消費者
最真正迫切的需求，深入瞭解顧客，以及顧客真正想要什麼。

美國最大的線上影音出租服務的網站 NETFLIX 長期對節目的進行分析，透過對觀眾收看習慣的瞭解，對客戶的行動裝置行為做大數據分析，透過大數據與 AI 分析的推薦引擎，不需要把影片內容先放出去後才知道觀眾喜好程度，只要透過個人化推薦，將不同但更適合的內容推送到個別用戶眼前，結果證明使用者有 70% 以上的機率會選擇 NETFLIX 曾經推薦的影片，不但可以使 Netflix 節省不少行銷成本，更能開發出多元與長尾效應的內容，這才是 AI 時代最重要的顛覆力量。

ⓘ NETFLIX 借助大數據技術成功推薦影給消費者喜歡的影片

TIPS

網路科技帶動下的全球化的效應，Chris Anderson 於 2004 年首先提出長尾效應（The Long Tail）的現象，顛覆了傳統以暢銷品為主流的觀念。過去一向不被重視，在統計圖上像尾巴一樣的小眾商品，因為全球化市場的來臨，即眾多小市場匯聚成可與主流大市場相匹敵的市場能量，可能就會成為具備意想不到的大商機，足可與最暢銷的熱賣品匹敵。

行動化時代讓消費者與店家間的互動行為更加頻繁，同時也讓消費者購物過程中愈來愈沒耐性，為了提供更優質的個人化購物體驗，Amazon 對於消費者使用行為的追蹤更是不遺餘力，利用超過 20 億用戶的大數據，盡可能地追蹤消費者在網站以及 App 上的一切行為，藉著分

析大數據推薦給消費者他們真正想要買的商品，用以確保對顧客做個人化的推薦、價格的優化與鎖定目標客群等。

如果有在 Amazon 購物的經驗，一開始就會看到一些沒來由的推薦名單，因為 Amazon 商城會根據客戶瀏覽的商品，從已建構的大數據庫中整理出曾經瀏覽該商品的所有人，然後會給這位新客戶一份建議清單，建議清單中會列出曾瀏覽這項商品的人也會同時瀏覽過哪些商品？由這份建議清單，新客戶可以快速作出購買的決定，讓他們與顧客之間的關係更加緊密。

🔍 Amazon 應用大數據提供更優質購物體驗

🔍 Prime 會員享有大數據的快速到貨成果

圖片來源：https://kitastw.com/amazon-japan-what-is-prime-membership/

Amazon 甚至推出了所謂 Prime 的 VIP 訂閱服務，不但加入 Prime 後即可享有 Amazon 會員專屬的好處，最直接且有感的就屬免費快速到貨（境內），讓 Prime 的 VIP 用戶都可以在兩天內收到在網路上下訂的貨品（美國境內），就是靠著大數據與 AI，事先分析出各州用戶在平台上購物的喜好與頻率，當在你網路下單後，立即就在你附近的倉庫出貨到你家，如果你不是 Prime 的會員，而急著想要拿到商品，那麼就得要付較貴的運費。因為在大數據時代為個別用戶帶來最大價值，可能才是 AI 時代最重要的顛覆力量。

4-3-3 英雄聯盟

遊戲產業的發展越來越受到矚目，在這個快速競爭的產業，不論是線上遊戲或手遊，遊戲上架後數周內，如果你的遊戲沒有擠上排行榜前 10 名，那大概就沒救了。遊戲開發者不可能再像傳統一樣憑感覺與個人喜好去設計遊戲，他們需要更多、更精準的數字來告訴他們玩家要什麼。數字就不僅是數字，背後靠的正是收集以玩家喜好為核心的大數據，大數據的好處是讓開發者可以知道玩家的使用習慣，因為玩家進行的每一筆搜尋、動作、交易，或者敲打鍵盤、點擊滑鼠的每一個步驟都是大數據中的一部份，時時刻刻蒐集每個玩家所產生的細部數據所堆疊而成，再從已建構的大數據庫中把這些資訊整理起來分析排行。

例如「英雄聯盟」（LOL）是一款免費多人線上遊戲，遊戲開發商 Riot Games 就非常重視大數據分析，目標是希望成為世界上最瞭解玩家的遊戲公司，背後靠的正是收集以玩家喜好為核心的大數據，掌握了全世界各地區所設置的伺服器裏每天超過 5000 億筆以上的各式玩家資料，透過連線對於全球所有比賽的玩家進行每一筆搜尋、動作、交易，或者敲打鍵盤、點擊滑鼠的每一個步驟，即時監測所有玩家的動作與產出大數據

資料分析，並瞭解玩家最喜歡的英雄，再從已建構的大數據資料庫中把這些資訊整理起來分析排行。

🔵 英雄聯盟的遊戲畫面場景

　　遊戲市場的特點就是飢渴的玩家和激烈的割喉競爭，數據的解讀是在電競戰中非常重要的一環，電競產業內的設計人員正努力擴增大數據的使用範圍，數字就不僅是數字，這些「英雄」設定分別都有一些不同的數據屬性，玩家偏好各有不同，你必須瞭解玩家心中的優先順序，只要發現某一個英雄出現太強或太弱的情況，就能即時調整相關數據的遊戲平衡性，用數據來擊殺玩家的心，進一步提高玩家參與的程度。

🔵 英雄聯盟的遊戲戰鬥畫面

不同的英雄會搭配各種數據平衡，研發人員希望讓每場遊戲盡可能地接近公平，因此根據玩家所認定英雄的重要程度來排序，創造雙方勢均力敵的競賽環境，然後再集中精力去設計最受歡迎的英雄角色，找到那些沒有滿足玩家需求的英雄種類，就是創造新英雄的第一步，這樣做法真正提供了遊戲基本公平又精彩的比賽條件。Riot Games 懂得利用大數據來隨時調整遊戲情境與平衡度，確實創造出能滿足大部分玩家需要的英雄們，這也是英雄聯盟能成為目前最受歡迎遊戲的重要因素。

4-3-4　提升消費者購物體驗

面對消費市場的競爭日益激烈，品牌種類越來越多，大數據資料分析是企業成功迎向零售 4.0 的關鍵，行動思維轉移意味著行動裝置現在成了消費體驗的中心，大數據分析已經不只是對數據進行分析，而是要從資訊中找出企業未來行銷的契機，這些大量且多樣性的數據，一旦經過分析，運用在顧客關係管理上，針對顧客需要的意見，來全面提升消費者購物體驗。

大數據對汽車產業將是不可或缺的要素，未來在物聯網的支援下，也順應了精準維修的潮流，例如應用大數據資料分析協助預防性維修，以後我們每半年車子就

⊙ 汽車業利用大數據來進行預先維修的服務

得進廠維修的規定，每台車可以依據車主的使用狀況，預先預測潛在的故障，並可偵測保固維修時點，提供專屬適合的進廠維修時間，大大提升了顧客的使用者經驗。

全球連鎖咖啡星巴克在美國乃至全世界有數千個接觸點，早已將大數據應用到營運的各個環節，包括從新店選址、換季菜單、產品組合到提供限量特殊品項的依據，都可見到大數據的分析痕跡。星巴克對任何行動體驗的耕耘很深，深知唯有與顧客良好的互動，才是成功的關鍵，例如推出手機 App 蒐集顧客行為的購買數據，運用長年累積的用戶數據瞭解消費者，甚至於透過會員的消費記錄清楚顧客的喜好、消費品項、地點等，就能省去輸入一長串的點單過程，加上配合貼心驚喜活動創造附加價值感，從中找到最有價值的潛在客戶，終極目標是希望每兩杯咖啡，就

🔘 星巴克咖啡利用大數據將顧客找出最忠誠的顧客

有一杯是來自熟客所購買，這項目標成功的背後靠的就是收集以會員為核心的行動大數據。

1. 請簡述大數據（big data）及其特性。

2. 請簡介 Hadoop。

3. 請簡介 Spark。

4. 何謂資料科學（Data Science）？

5. 請介紹資料倉儲（Data Warehouse）。

6. 請介紹資料探勘（Data Mining）。

7. 請簡介結構化資料（Structured data）與非結構化資料
   （Unstructured Data）。

8. 大數據特性的第四個 V 代表資料真實性（Veracity），試簡述之。

9. 何謂線上分析處理（OLAP）？

10. 試簡介商業智慧（BI）。

11. 何謂長尾效應（The Long Tail）？

5 一次弄懂機器學習的 AI 私房祕技

- ⊙ 機器學習簡介
- ⊙ 機器學習的種類
- ⊙ 機器學習的步驟

　　自古以來，人們總是持續不斷地創造工具與機器來簡化工作，減少完成各種不同工作所需的整體勞力與成本，現代大數據的海量學習資料更帶來了 AI 的蓬勃發展，我們知道 AI 最大的優勢在於「化繁為簡」，將複雜的大數據加以解析，AI 改變產業的能力已經是相當清楚，而且可以應用的範圍相當廣泛。由於近幾年人工智慧的應用領域愈來愈廣泛，特別是機器學習（Machine Learning, ML）在人工智慧領域出現了極大的突破，亦即機器透過演算法來分析數據，並模擬人類的分類和預測能力。

人臉辨識系統就是機器學習的常見應用

　　過去人工智慧發展面臨的最大問題─AI 是由人類撰寫出來，當人類無法回答問題時，AI 同樣也不能解決人類無法回答的問題。直到機器學習解決了這種困境。近年來於 Google 旗下的 Deep Mind 公司所發明的 Deep Q learning（DQN）演算法甚至都能讓機器學習如何打電玩，包括 AI 玩家如何探索環境，並透過與環境互動得到的回饋。

DQN 是會學習打電玩遊戲的 AI

這些 AI 玩家透過觀察及經驗學習遊戲規則，有些只需要看人類玩家做過一次，就可能學習出最高分的最高解，而且在大多數遊戲中都能達到人類水平的表現，學習的機器人得分甚至比人類專家的得分還要高，在持續的訓練與自我學習過程之後，機器人最終就會超越常人。

◉ Deepmind 的「AlphaStar」完勝星海爭霸職業電競玩家

5-1 機器學習簡介

機器學習（Machine Learning, ML）是大數據發展的下一個進程，也是大數據與 AI 發展相當重要的一環，內容涉及機率、統計、數值分析等學科，可以發掘多元資料變動因素之間的關聯性，進而自動學習並且做出預測。機器學習主要是透過演算法給予電腦大量累積的歷史「訓練資料」（Training Data），從資料中萃取規律，以對未知的資

◉ 機器也能一連串模仿人類學習過程

料進行預測，這些訓練資料多半是過去資料，可能是文字檔、資料庫、或其他來源，然後從訓練資料中擷取出資料的特徵（Features），再透過演算法將收集到的資料進行分類或預測模型訓練，幫助我們判讀出目標。

5-1-1　機器學習的定義

「機器學習」就是讓機器（電腦）具備自己學習、分析並最終進行輸出決策的能力，主要的作法就是針對所要分析的資料進行「分類」（Classification），有了這些分類才可以進一步分析與判斷資料的特性，最終的目的就是希望讓機器（電腦）像人類一樣具有學習能力。機器學習和人類學習的方式十分相似，要讓機器更有「智慧」，無不浸透著無數的數據彙集而成的分析與反饋，因為最重要的關鍵就在於大量資料的匯入與訓練，例如光要教會 AI 辨識一個物件，三十萬張圖片算是基本，資料量越大越有幫助，並利用學習模型對未知數據進行預測，進而達到預測效果不斷提升的過程。

5-1-2　機器「看」貓

我們知道當將一個複雜問題分解之後，常常能發現小問題中有共有的屬性以及相似之處，這些屬性就稱為「模式」（Pattern）。所謂「模式識別」（Pattern Recognition），就是指在一堆資料中找出特徵（Feature）或問題中的相似之處，用來將資料進行辨識與分類，並找出規律性，才能做出快速決策判斷。例如各位今天想要畫一隻貓，首先要就會想到通常貓咪會有哪些特徵？例如眼睛、尾巴、毛髮、叫聲、鬍

鬚等。因為當我們了解貓具備的大部分特徵後，當想要畫貓時，便可將這些共有的特徵加入，就可以很快速地畫出五花八門的貓了。

　　知名的 Google 大腦（Google Brain）是 Google 的 AI 專案團隊，能夠利用 AI 技術從 YouTube 的影片中取出 1,000 萬張圖片，自行辨識出貓臉跟人臉的不同，無需我們事先告訴它「貓咪應該長成什麼模樣」，這跟過去的識別系統有很大不同，往往是先由研究人員輸入貓的形狀、特徵等細節，電腦即可達到「識別」的目的，然而 Google 大腦原理就是把所有照片內貓的「特徵」取出來，從訓練資料中擷取出資

💡 Google Brain 能從龐大圖片資料庫中，自動分辨出貓臉

料的特徵（Features）幫助我們判讀出目標，同時自己進行「模式」分類，才能夠模擬複雜的非線性關係，來獲得更好辨識能力。

5-2 機器學習的種類

「機器學習」最終的目的就是希望透過大量數據的訓練,讓機器(電腦)像人類一樣具有學習能力。機器學習的技術很多,主要分成四種學習方式:監督式學習(Supervised learning)、非監督式學習(Un-supervised learning)、半監督式學習(Semi-supervised learning)及強化學習(Reinforcement learning)。

💡 機器學習理論在機器人領域有很關鍵的影響

監督式學習
(Supervised learning)

半監督式學習
(Semi-supervised learning)

非監督式學習
(Un-supervised learning)

強化學習
(Reinforcement learning)

💡 機器學習的四種學習方式

5-2-1 監督式學習

　　「監督式學習」（Supervised learning）是利用機器從標籤化（labeled）的資料中分析模式後做出預測的學習方式，類似於動物和人類的認知感知中的「概念學習」（concept learning），這種學習方式必須要事前透過人工作業，將所有可能的特徵標記起來。因為在訓練的過程中，所有的資料都是有「標籤」的資料，學習的過程中必須給予輸入樣本以及輸出樣本資訊，再從訓練資料中擷取出資料的「特徵」（Features）幫助我們判讀出目標。

如上頁圖所示，我們要讓機器學會如何分辨一張照片上的動物是雞還是鴨？首先必須準備許多雞和鴨的照片，並標示出哪一張是雞哪一張是鴨，例如我們先選出 1000 張的雞鴨圖片，並且每一張都明確註明，接著讓機器藉由標籤來分類與偵測出雞和鴨的特徵，只要詢問機器中的任何一張照片中是雞還是鴨，機器依照特徵就能辨識出雞和鴨並進行預測。

由於標籤是需要人工再另外標記，因此需要很大量的標記資料庫，才能發揮出作用，標記過的資料就好比標準答案，感覺就好像有個裁判在一旁指導學習，這種方法為人工分類，對電腦來說最簡單，不過，對人類來說也最辛苦。因此只要機器依照標註的圖片去將所偵測雞鴨特徵取出來，然後機器在學習的過程透過對比誤差，就好像學生考試時有一份標準答案，機器判斷的準確性自然會比較高，不過在實際應用中，將大量的資料進行標籤是極為耗費人工與成本的工作，這也是使用監督式學習模式必須要考慮到的重要因素。

監督式學習
(Supervised learning)

核心概念：將輸入資料「標籤化」，從訓練資料擷取特徵，以幫助判讀目標物，並分辨種類。

輸入

輸出

雞群特徵

鴨群特徵

🔵 監督式學習方式最耗費人力成本

5-2-2 半監督式學習

「半監督式學習」（Semi-supervised learning）只會針對所有資料中的少部分資料進行「標籤化」的動作，機器會先針對這些已經被「標籤化」的資料去發掘該資料的特徵，然後機器透過有標籤的資料找出特徵並對其他的資料進行分類。舉例來説，我們有 2000 位不同國籍人士的相片，我們可以將其中的 50 張相片進行「標籤化」，並將這些相片進行分類，機器再透過這已學習到的 50 張照片的特徵，再去比對剩下的 1950 張照片，並進行辨識及分類，就能找出那些是爸爸或媽媽的相片，由於這種半監督式機器學習的方式已有相片特徵作為辨識的依據，因此預測出來的結果通常會比非監督式學習成果較佳，算是一種較常見的機器學習的方式。

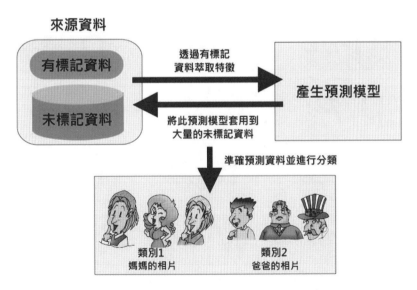

⊙ 半監督式學習預測結果會比非監督式學習較佳

再來看一個半監督式學習種類的例子，我們可以利用少量標記的英文大小寫字母資料集進行模型訓練，通常有標籤的資料數量會遠少於沒

有標籤資料，再透過這些少數有標籤的資料進行特徵擷取工作，然後再
對其他資料進行預測與分類。

🔵 透過少量標籤的資料擷取特徵，然後再對大量未知資料進行預測

5-2-3　非監督式學習

「非監督式學習」（Un-supervised learning）中所有資料都沒有標註，機器透過尋找資料的特徵，自己來進行分類，完全不用依賴人類，因此不需要事先以人力處理標籤，直接讓機器自行摸索與尋找資料的特徵與學習進行分類（classification）與分群（clustering）的動作。所謂「分類」是對未知訊息歸納為已知的資訊，例如把資料分到老師指定的幾個類別，貓與狗是屬於哺乳類，蛇和鱷魚是爬蟲類，「分群」則是資料中沒有明確的分類，而必須透過特徵值來做劃分。

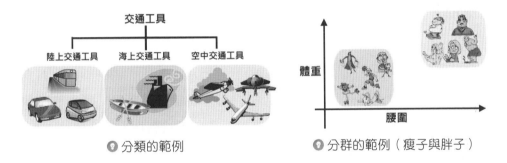

🔘 分類的範例　　　　　🔘 分群的範例（瘦子與胖子）

非監督式學習可以大幅減低繁瑣的人力工作，由於所訓練資料沒有標準答案，訓練時讓機器自行摸索出資料的潛在規則，再根據這些被萃取出的特徵其關係，來將物件分類，並透過這些資料去訓練模型，這種方法不用人工進行分類，對人類來說最簡單，但對機器來說最辛苦，誤差也會比較大。非監督式學習中讓機器從訓練資料中找出規則，大致會有兩種形式：分群（Clustering）以及生成（Generation）。

分群能夠把數據根據距離或相似度分開，主要運用如聚類分析（Cluster analysis）。聚類分析是建構在統計學習的一種資料分析的技術，聚類就是將許多相似的物件，透過一些分類的標準，來將這些物件分成不同的類或簇，就是一種「物以類聚」的概念，只要被分在同一組別的物件

成員，就肯定會有相似的屬性。而生成則是能夠透過隨機數據，生成我們想要的圖片或資料，主要運用如生成式對抗網路（GAN）等。

> **TIPS**
>
> 「生成式對抗網路」（Generative Adversarial Network, GAN）是2014年蒙特婁大學博士生Ian Goodfellow提出，在GAN架構下，有兩個需要被訓練的模型（model）；生成模型（Generator Model, GM）和判別模型（Discriminator Model），互相對抗激勵而越來越強，訓練過程反覆進行，判別模型會不斷學習增強自己對真實資料的辨識能力，以便對抗生產模型產生的欺騙資料，而且會收斂到一個平衡點，最後訓練出一個能夠模擬真正資料分布的模型（model）。

例如我們使用非監督式學習來辨識蘋果及柳丁，各位不需要蘋果和柳丁的標記資料，只需要有蘋果和柳丁的圖片，當所提供的訓練資料夠大時，機器會自行判斷提供的圖片裡有哪些特徵的是蘋果、哪些特徵的是柳丁，並同時進行分類，例如從質地、顏色（沒有柳丁是紅色的）、大小等，找出比較相似的資料聚集在一起，形成分群（Cluster）；例如把照片分成兩群，分得夠好的話，一群大部分是蘋果，一群大部分是柳丁。

下圖中相似程度較高的柳丁或蘋果會被歸納為同一分類,基本上從水果外觀或顏色來區分,相似性的依據是採用「距離」,相對距離愈近、相似程度越高,被歸類至同一群組。例如在下圖中也有一些邊界點(在柳丁區域的邊界有些較類似蘋果的圖片),這種情況下就要採用特定的標準來決定所屬的分群(Cluster)。因為非監督式學習沒有標籤(Label)來確認,而只是判斷「特徵」(Feature)來分群,機器在學習時並不知道其分類結果是否正確,導致需要以人工再自行調整,不然很可能會做出莫名其妙的結果。

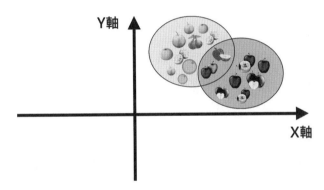

🔊 非監督式學習會根據元素的相似程度來分群

例如「聚類分析」(cluster analysis)中有一個最經典的演算法:K- 平均演算法(k-means clustering)是一種非監督式學習演算法,主要起源於訊號處理中的一種向量量化方法,屬於分群的方法,k 設定為分群的群數,目的就是把 n 個觀察樣本資料點劃分到 k 個聚類中,然後隨機將每個資料點設為距離最近的中心,使得每個點都屬於離他最近的均值所對應的聚類。然後重新計算每個分群的中心點,這個距離可以使用畢氏定理計算,僅一般加減乘除就好,不需複雜的計算公式,接著拿這個標準作為是否為同一聚類的判斷原則,接著再用每個樣本的座標來計算每群樣本的新中心點,最後我們會將這些樣本劃分到離他們最接近的中心點。

🔹 原始未聚類的資料　　　　　🔹 經聚類分析後的分群類別

　　我們就以「圖形識別」為例，聚類分析的作法就是將具有共同特徵的物件歸類為同一組別，有可能是不同動物的分類，或是不同海洋生物之間的分類，而這些靜態的分類方法，能將所輸入的資料適當的分群，例如上圖海洋生物識別中圖形的左側窗口是未經聚類分析分群的原始資料，上方右圖中經分群結果，可以找出四種類型的海洋生物。

5-2-4　增強式學習

　　「增強式學習」（Reinforcement learning）算是機器學習一個相當具有潛力的演算法，核心精神就是跟人類一樣，藉由不斷嘗試錯誤，從失敗與成功中，所得到回饋再進入另一個的狀態，希望透過這些不斷嘗試錯誤與修正，也就是如何在環境給予的獎懲刺激下，一步步形成對這些刺激的預期，強調的是透過環境化而行動，並會隨時根據輸入的資料逐步修正，取得反饋後重新評估先前決策並調整，最終期望可以得到最佳的學習成果或超越人類的智慧。

　　例如我們在打電玩遊戲時，新手每達到一個進程或目標，就會給予一個「正向反饋」（Positive Reward），就能得到獎勵或往下一個關卡邁進，如果是卡關或被怪物擊敗，就會死亡，這就是「負向反饋」（Negative Reward），也就是增強學習的基本核心精神。增強式學習並不需要出現正確的「輸入 / 輸出」，可以透過每一次的錯誤來學習，是由代理人（Agent）、行動

● 電玩遊戲能讓人樂此不疲，就是具備某些回饋機制

（Action）、狀態（State）/ 回饋（Reward）、環境（Environment）所組成，並藉由從使用過程取得回饋以學習行為模式。

● 增強式學習會隨時根據輸入的資料逐步修正

　　首先會先來建立代理人（Agent），每次代理人所要採取的行動，會根據目前「環境」的「狀態」（State）執行「動作」（Action），然後得到環境給我們的回饋（Reward），接著下一步要執行的動作也會去改變與修正，這會使得「環境」又進入到一個新的「狀態」，透過與環境的互動從中學習，藉以提升代理人的決策能力，並評估每一個行動之後所到的回饋是正向的或負向來決定下一次行動。

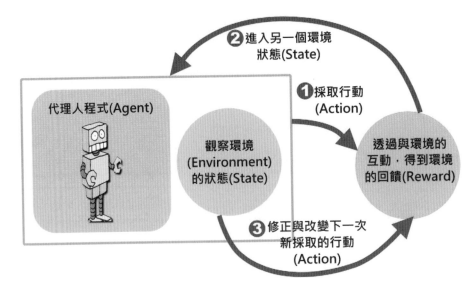

❷ 進入另一個環境
狀態(State)

❶ 採取行動
(Action)

代理人程式(Agent)

觀察環境
(Environment)
的狀態(State)

透過與環境的
互動，得到環境
的回饋(Reward)

❸ 修正與改變下一次
新採取的行動
(Action)

🔘 增加式學習的嘗試錯誤的訓練流程示意圖

　　增強式學習強調如何基於環境而行動，然後根據回饋的好壞，機器自行逐步修正，以試圖極大化自己的的預期利益，達到分析和優化代理（agent）行為的目的，希望讓機器，或者稱為「代理人」（Agent），模仿人類的這一系列行為，最終得到正確的結果。

　　目前大家都寄望增強式學習能為人工智慧帶來質變與新希望。學習的目的就是透過環境反饋不斷提升自我的機器學習模式，嘗試找到一個最好的策略，可以讓回饋最多，所有的相關演算法都有一個共同的特色，就是「邊看邊學」，機器會根據不同情況，獲得的經驗只需要不斷的獲得環境的反饋即可。這就有點類似人類學習的方式，好比小孩學腳踏車一樣，一開始學

🔘 增強式學習就是一種「熟能生巧」的訓練過程

的時候會一直跌倒，每一次摔倒就接受到了「負回饋」，然後經過幾次的失敗後，逐步開始越騎越不會摔倒，就有種挑戰成功的感覺（正回饋），就可以上手也不會跌倒了。

總而言之，一個好的增強學習演算法，會使用代理人並加以訓練，代理人有能力主動做出決策並從結果中學習。如果要「代理人」學得好，則可依據環境考慮後續可能的狀態，以做出決策，並會隨時根據新進來的資料逐步修正，按照演算法公式不斷地更新，最大原則要能夠適當的平衡探索成本與取得最大報酬。

5-3 機器學習的步驟

機器學習是包含在人工智慧裡的架構，目標就是建立電腦從大量數據中學習出規律和模型，以備未來應用在新數據上做預測的任務，為了創建一個成功的機器學習模型，從訓練、測試、驗證到預測，機器學習在建立一個完整的模型時，通常需要經過以下幾個必要步驟。

機器學習的六大步驟示意圖

5-3-1 收集資料

各位要訓練機器判斷與學習，首先當然要先準備訓練資料給機器，「收集資料」（Gathering data）是構建機器學習模型流程中的第一步，而且收集數據的品質和數量將會直接決定預測模型的優劣，通常收集到數量越多與越多元的資料，所能得到的資訊就越多，就越有可能訓練出越厲害的機器。

5-3-2 清理與準備資料

在機器學習的過程中，我們可以說最重要的部分就是資料。但是在現實生活中，乾淨且結構化的資料不是那麼容易取得。當各位完成數據收集後，下一步就是要評估資料狀態（status），因為除了數量之外，資料本身的品質也會影響到訓練的品質，正如各位耳熟能詳的「垃圾進，垃圾出」（Garbage in, garbage out, GIGO），如果所收集的資料是錯誤或無意義的數據，

🔈 清理資料就像洗衣服一樣，越乾淨越好

訓練出來機器學習模型的預測結果一定也是錯誤或不具參考價值。機器學習對資料品質的要求特別高，例如資料是否為結構化資料與去除重複或不相關內容等，因為機器既然必須從大量資料中挖掘出規律，「乾淨」的數據在分析時便非常地關鍵，最好所有的資料都是「結構化」資料，讓電腦能更容易讀懂資料。

所以訓練預測模型之前，為了有利於後續建立模型時有更好的績效，使其更易於探索、理解，這時就必須進行「資料清理（Data Cleaning）」

的動作，包括過濾、刪除和修正資料，例如檢查拼寫錯誤、多餘空白字元、異常值或不一致的格式。

5-3-3 特徵萃取

接下來的步驟就是要幫機器挑選出用來判斷的「特徵」（features），所謂「特徵萃取」（Feature Extraction）就是將原始數據轉化為特徵，並決定什麼樣的特徵對訓練是有效，就是從最初的特徵中選擇最有效的特徵，捨棄那些沒有利用價值的資料，這也是機器學習工作流程中非常關鍵的部分，好的特徵才會使機器學習模型發揮真實的效用。

🔘 我們必須選擇用於預測目標標籤有關的特徵

5-3-4 模型選取

在機器學習模型的開發過程中，當準備好資料與特徵之後，就要選擇合適的模型來訓練機器，因為不同的目標與問題，往往會影響該使用哪些模型較好，模型的型態也有很多種。由於建立機器學習模型的方法非常多，通常會根據需要被解決的問題及擁有的資料類型，來進行衡量評估，而使用不同的機器學習模型，而且就算是相同的問題，也可以選擇不同的模型或演

🔘 模型選取並沒有一定的標準

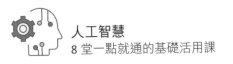

算法，根據定義目標選擇要使用的模型，切記！模型選取（Choosing model）並沒有一定的標準。

5-3-5　訓練與評估模型

接著我們可以透過演算法來訓練機器，並找到最合適的權重 / 參數，再將測試資料放進訓練好的模型中。對於一個「訓練有素」的機器來說，預測模型仍可能因為品質差的資料而影響到成效，當然這個誤差應該是越小越好，也就是期待預測模型能夠更精確判斷出結果。評估時則允許我們根據從未用於訓練的數據（testing data）來測試我們的模型，看看機器是不是

💡 機器學習模型還必須不斷進行評估與微調

真的可以處理沒有見過的未知狀況，而不是只會處理看過的訓練資料，如果訓練結果跟預期不同，還必須進行微調，在機器學習的世界裡，微調是非常重要的環節，必須將參數進行調整與重新訓練。經過多次的訓練後，我們就可以統計並分析訓練結果，以提高模型預測的準確性。

5-3-6　實施模型

機器學習是以建立預測性模型為基礎，各位可以把模型看成是一種有某些參數的函數，亦即要用機器去建立一個函數學習模型來學習，主要是利用資料來回答與解決問題，這是體會機器學習的最重要步驟。機器從訓練資料學習到的內容會套用到這個模型上，一旦訓練完成，通常可以容忍預測模型裡有一些微小的資料品質問題，最後一步則是將您的模型實際運作。

Q & A 討論

1. 請簡述機器學習（Machine Learning）。

2. 什麼是模式識別（Pattern Recognition）？

3. 機器學習主要分成哪四種學習方式？

4. 請簡介監督式學習（Supervised learning）。

5. 請簡介半監督式學習（Semi-supervised learning）。

6. 非監督式學習讓機器從訓練資料中找出規則，請問有哪兩種形式？

7. 何謂生成式對抗網路（GAN）？

8. 聚類分析（Cluster analysis）是什麼？

9. 請簡述增強式學習（Reinforcement learning）的核心精神。

10. 何謂特徵萃取（Feature Extraction）？

11. 為了建立成功的機器學習模型，通常需要經過哪幾個必要步驟？

MEMO

6 機器學習的 AI 創新搶錢商機

- ⊙ 機器學習的超級利器－ TensorFlow
- ⊙ 電腦視覺
- ⊙ 智慧零售
- ⊙ 智慧金融科技

　　機器學習的成果早已潛移默化地來到了我們的四周，隨著行動時代而來的是數之不盡的海量資料，這些資料不僅精確，更相當多元，如此龐雜與多維的資料，最適合利用機器學習解決這類問題。機器學習不但能像人類一樣解決特定專業問題，更加速了自動化的進程，進一步導入了智慧化的創新元素，其中機器學習更是整個 AI 領域中為商業產出貢獻最大價值的技術，不僅提升效率，更帶來商業模式與業務流程的創新，機器學習的應用範圍相當廣泛，從健康監控、自動駕駛、自動控制、醫療成像診斷工具、電腦視覺、工廠控制系統、機器人到網路行銷領域。

透過機器學習，機器人也會跳芭蕾舞

圖片來源：https://twgreatdaily.com/hbzR9XYBuNNrjOWzwl32.html

6-1 機器學習的超級利器－TensorFlow

TensorFlow 是 2015 年由 Google Brain 團隊所發展的開放原始碼機器學習函式庫，可以讓許多矩陣運算達到最好的效能，支援各種不同的機器學習演算法與各種應用，函式庫更能讓使用者建立計算圖（Computational Graph）來套用不同功能，並且支持不少針對行動端訓練和優化好的模型，即使 ML 初學者也可以接觸強大的函式庫，免於從零開始建立自己的 AI 模型，是目前最受歡迎的機器學習框架與開源專案。

TensorFlow 靈活的架構可以部署在一個或多個 CPU、GPU 的伺服器中，不但充分利用硬體資源，可同時在數百台機器上

○ TensorFlow 是目前最受歡迎的機器學習框架與開源專案

執行訓練程式，以建立各種機器學習模型，還能夠讓你輕鬆建立適用於桌上型電腦、行動裝置、網路和雲端的機器學習模型，還能配合多種程式語言使用。Google 和哈佛大學的研究人員利用 TensorFlow 開發了一個非常先進的機器學習模型，甚至可以還能準確預測餘震位置。

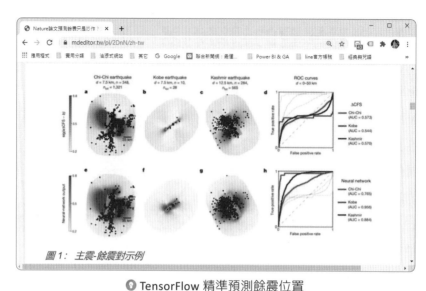

圖1： 主震-餘震對示例

🔵 TensorFlow 精準預測餘震位置

圖片來源：https://www.mdeditor.tw/pl/2DnN/zh-tw

TensorFlow 之所以能席捲全球，除了免費外，主要就是容易使用與擴充性高，以往機器學習是先進的研究室才能接觸到的學問，現在透過 TensorFlow 已經演化成一個相當完整的軟體開放平台，AlphaGo 卓越出色的表現，就是得益於 TensorFlow 框架本身的幫助，有別於其他機器學習的框架，TensorFlow 能夠以更貼近人類學習方式來學會新的知識。

事實上，Google 借助 TensorFlow，讓旗下相關產品變得更有智慧，包含 Gmail、Google 相簿、Google 翻譯、Google Duplex、YouTube、Airbnb、Paypal 等都有 TensorFlow 的影子。例如 Google Duplex 具有自動語音預約功能，不僅能用自然流暢的語音和電話另一頭的商家交流溝通，還能完成許多真實世界的任務，包括預約餐廳、機票或電影票等服務，甚至可代替用戶向賣場、超市等詢問各種商品。

⑨ Google Duplex 有讓人驚豔的自動語音預約功能

圖片來源：https://www.akira.ai/glossary/google-duplex/

6-1-1　YouTube 推薦影片

各位應該都有在 YouTube 觀看影片的經驗，YouTube 致力於提供使用者個人化的服務體驗，包括改善電腦及行動網頁的內容，近年來更導入了 TensorFlow 機器學習技術，來打造 YouTube 影片推薦系統，特別是加入了不少個人化變項，過濾出觀賞者可能感興趣的影片，並顯示在「推薦影片」中。

⑨ YouTube 透 過 TensorFlow 技術過濾出受眾感興趣的影片

　　YouTube 上每分鐘超過數以百萬小時影片上傳，無論是想找樂子或學習新技能，AI 演算法的主要工作就是幫用戶在海量內容中找到他們內心期待想看的影片，事實證明全球 YouTube 超過 7 成用戶會觀看自動推薦影片，為了能推薦精準影片，用戶顯性與隱性的使用回饋，不論是喜歡以及不喜歡的影音檔案都要納入機器學習的訓練資料。

　　當用戶觀看的影片數量越多，YouTube 就更容易從過去的瀏覽影片歷史、搜尋軌跡、觀看時間、地理位置、關鍵詞搜尋記錄、當地語言、影片風格、使用裝置以及相關的用戶統計訊息，將 YouTube 的影音資料庫中的數百萬個影音資料篩選出數百個以上和使用者相關的影音系列，然後以權重評分找出和用戶有關的訊號，並基於這些訊號來加以對幾百個候選影片進行排序，最後根據記錄這些使用者觀看經驗，產生數十個以上影片推薦給使用者，希望能列出更符合用戶喜好的影片。

YouTube 廣告透過機器學習達到精準投放的效果

目前 YouTube 平均每日向使用者推薦 2 億支影片,涵蓋 80 種不同語言,隨著使用者行為的改變,近年來越來越多品牌選擇和 YouTube 合作,因為 YouTube 以內部數據為基礎洞察用戶行為,能夠根據消費者在 YouTube 的多元使用習慣擬定合適的媒體和品牌創新廣告投放方案,讓品牌從流量與內容分進合擊,精準制定行銷策略與有效觸及潛在的目標消費族群,讓品牌從流量與內容分進合擊,透過機器學習不斷優化,再追蹤評估廣告效益進行再行銷,進而達成廣告投放的目標來觸及觀眾,更能將轉換率(Conversion Rate)成效極大化。

TIPS

轉換率(Conversion Rate)就是網路流量轉換成實際訂單的比率,訂單成交次數除以同個時間範圍內帶來訂單的廣告點擊總數。

6-2 電腦視覺

隨著雲端應用與大數據的高速發展,對於資料取得與保存成本大幅降低,特別是電腦運算能力的高速發達,我們對圖形、影像、聲音的處理能力大增,從日常生活應用的策略面來看,最普遍應用機器學習的領域之一就是「電腦視覺」(Computer Version, CV)。人類因為有雙眼,所以可以看見世界,CV 是研究如何利用攝影機和電腦代替人眼對目標進行辨識、跟蹤、測量、圖像處理與人員識別的技術,甚至能追蹤物品的移動等功能,讓機器具備與人類相同的視覺,並且建立具有真正智慧的視覺系統。

圖一：結合人工智慧，新的電腦視覺技術可為門禁、支付和其他應用提供臉部辨識。

🔵 電腦視覺技術可為門禁管制提供臉部辨識功能

圖片來源：https://www.eettaiwan.com/20191227nt41-computer-vision/

　　由於視覺是人類最重要的知覺，電腦視覺就是要讓電腦具有像人一樣的視覺能力。電腦在「看」任何一張圖的模式是由大量不同顏色像素（0 與 1）組合，接著透過機器來找出各種圖形中的「數位特徵」，然後識別出其中物件的意義。在相機、手機、監視器、行車記錄器等設備無所不在的今天，電腦視覺領域和許多新興科技領域相似，因為機器學習的高度發展，透過智慧型手機，全景圖拍攝已經是基本功能，甚至於可衍生如街景分析、圖像辨識、人臉辨識、物件偵測、無人機、瑕疵偵測，圖像風格轉換、車輛追蹤等生活應用，這也正式宣告電腦視覺在未來有比人類更精準的視覺時代來臨。

⦿ Google Map 能準確辨識街道上路名、街牌與車牌號碼

6-2-1 圖像辨識

圖像辨識（Image Recognition）系統是目前最流行的電腦視覺應用，顧名思義就是機器可以辨別圖片，也就是透過電腦自動地對所取得的影像進行分析和辨識出圖像中的物件，包括社群媒體上與智慧相簿的臉部辨識，更神奇的是不但能辨認出照片中的人物，還能進一步判別照片裡的人物是在做哪種動作？

⦿ 臉書也能自動找出圖片中的人物

Facebook 與 Instagram 用戶每天都會上傳難以估算的圖片與影片，除了觀看者的主動檢舉外，實在很難對這些被上傳的圖片進行把關。為了提升圖片搜尋及加強過濾有害及其他不當資訊，臉書開發大規模機器學習系統 Rosetta，就是為了增強圖像中文字解讀能力，利用 35 億張用

戶在 Instagram 分享的照片和標籤做訓練素材，目前每天從 Facebook 與 Instagram 上讀取與過濾數億張圖片，包括篩選和清理恐怖主義宣傳、色情、暴力、仇恨對立言論、垃圾訊息等內容。此外，透過圖像辨識，臉書也能自動找出圖片中的人物，並在照片上作文字標記，並為弱視人士提供文字描述或語音說明的功能。

此外，手機也是目前最適合用來發展 AI 的硬體裝置了，智慧型手機拍照功能也應用了大量的圖像辨識技術，許多大廠都以「AI 拍照」宣傳，讓手機能辨識數千種拍照場景，還原景物原有的細節紋理，使畫面品質得到整體提升，簡單來說，就是讓機器自己去學習如何拍得更好。

🔹 Rosetta 系統能過圖片中有暴力內容的文字

🔹 手機 AI 替代人類進行專業攝影

圖片來源：https://www.sohu.com/a/227545815_116132

　　許多 AI 手機還能針對不同的場景作優化以及微調，每一種拍攝模式也會根據拍攝的視角、主題的色彩等因素進行自動調節，例如偵測畫面中的對比以及光源高低，或者自動去背讓我們可以快速地合成照片，甚至於建議最佳化的濾鏡效果，使用者能夠輕易拍出別出心裁的亮麗照片。

<table>
<tr><td>⊙ 原拍攝畫面</td><td>⊙ 套用「Earlybird」濾鏡</td></tr>
</table>

⊙ 通過 AI 也能拍出最美的濾鏡效果

6-2-2　人臉辨識

　　人臉辨識（Facial Recognition）技術也是屬於電腦視覺的範疇，通常要識別一個人的身分，我們會透過表情、聲音、動作，其中又以臉部表情的區隔性最具代表，人臉辨識系統是一種非接觸型且具有高速辨識能力的系統，人臉辨識技術的出現，也使人們的生活方式大幅改變。隨著智慧型手機與社群網路的崛起，再度為臉部辨識的應用推波助瀾，例如 iPhone X 引入了人臉辨識技術（Face ID），讓 iPhone 可以透過人臉立即解鎖。許多國際機場也陸續採用臉部辨識，提供旅客自動快速通關

的服務，還可以透過人臉辨識於火車票驗票上，而無需使用門票或刷智慧手機，甚至於支付寶付款只要露個臉微笑即可完成轉帳，大量掀起了業界對人臉辨識相關應用的關注。

🔍 iPhone 臉部辨識完美結合 3D 影像感測技術

🔍 支付寶推出「刷臉支付」功能

圖片來源：https://kknews.cc/tech/z958b8g.html

許多大都市的街頭出現了具備 AI 功能的數位電子看板，會追蹤路過行人的舉動來與看板中的數位廣告產生互動效果，透過人臉辨識來分析臉部各種不同的點與眾人臉上的表情，並追蹤這些點之間的關係來偵測情緒，不但能衡量與品牌或廣告活動相關的觀眾情緒，還能幫助新產品測試，最後由 AI 來動態修正調整看板廣告所呈現的內容，即時把最能吸引大眾的廣告模式呈現給觀眾，並展現更有說服力的創意效果，提供「最適性」與「最佳化行銷內容」的廣告體驗。

透過臉部辨識來找出數位看板廣告最佳組合

6-2-3 智慧美妝

美妝產業是一個跟隨時尚且變化快速的行業，由於愛美是人類的天性，隨著 AI 技術的不斷發展，著實為美妝相關技術的進步和完善提供

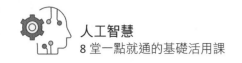

了強大的動力,傳統美容產業的發展路徑勢必重新校正,藉由 3D 臉部追蹤辨識來判別臉部特徵的各種參數,面部特徵偵測與機器學習技術提升了虛擬試妝的準確度與效率,更帶來智慧美妝產業的蓬勃發展,包括虛擬試妝、膚質檢測、新產品推薦等功能。

🔘 透過 App 的智慧美妝鏡,素顏可以瞬間改變成神仙顏值

　　例如玩美移動公司推出的美妝 App,透過自動掃描臉部輪廓,檢測出人臉圖像的關鍵點協助品牌,根據消費者個人的臉部特徵與喜好來建議最適合的妝容與對應的產品,供使用者自由選擇,再與擴增實境(AR)結合,就能用手機鏡頭玩轉出不凡的美妝效果,同時收集消費者的大數據,包括臉型、膚色、皺紋等,期望透過預測使用者的偏好,建立商品推薦系統。

TIPS

擴增實境（Augmented Reality, AR）就是一種將虛擬影像與現實空間互動的技術，能夠把虛擬內容疊加在實體世界上，並讓兩者即時互動，也就是透過攝影機影像的位置及角度計算，在螢幕上讓真實環境加入虛擬畫面，強調的不是要取代現實空間，而是在現實空間中添加一個虛擬物件，並且能夠即時產生互動。

◉ 精靈寶可夢就是結合智慧手機、GPS 及 AR 的熱門抓寶遊戲

6-2-4 智慧醫療

智慧醫療（Smart Healthcare 或 eHealth）的定義就是導入如物聯網、雲端運算、機器學習等技術到涉入醫療流程的一個趨勢，可以幫助解決各種醫療領域的診斷和癒後問題，用於分析臨床參數及其組合對癒後的重要性，透過醫療科技的演進，病患有機會透過物聯網與各種「穿戴式裝置」，擁有更多個人健康數據與良好的醫療品質。

◉ 醫療影像將是未來智慧醫療領域最熱門的應用

TIPS

　　由於電腦設備的核心技術不斷往輕薄短小與美觀流行等方向發展，備受矚目的穿戴式裝置（Wearables）更因健康風潮的盛行，簡單的滑動操控界面和創新功能，持續發展出吸引消費者的應用，講求的是便利性，其中又以腕帶、運動手錶、智慧手錶為大宗，主要以健康資訊蒐集為主，如記錄消耗卡路里、步行或跑步距離、血壓、血糖、心率、記錄睡眠狀態等。

🔵 韓國三星推出了許多健康與生理監測管理的穿戴式裝置

　　智慧醫療在醫療領域的應用廣泛，而且功能越來越多元，知名市場研究機構 Global Market Insights 預測，至 2024 年智慧醫療應用市場規模將達 110 億美元，打造未來智慧醫療已成為發展趨勢。在未來可以預見醫療產業將會持續導入更多數位科技，以在降低成本的同時提高醫療成效，實踐維持健康與預防疾病的願景。

🔎 透過機器學習，也能更快速解讀各種醫療影像

圖片來源：www.digiitimes.com.tw

　　事實上，真正推動智慧醫療發展的最大功臣，還是來自於近年來機器學習技術逐漸成熟，AI 的歸納統整與辨識能力已經逐漸取代人類，例如醫療影像一直是解析人體內部結構與組成的方法，資料量占醫學資訊量 80%，包括了 X 光攝影、超音波影像、電腦斷層掃描（Computed Tomography, CT）、核磁共振造影（Magnetic Resonance Imaging, MRI）、心血管造影等。過去傳統上要診斷疾病，可能就要牽扯醫療圖像的判讀，過去這些工作都要交由專業醫生來處理，不過醫療影像判讀因為機器學習技術的出現而有驚人的進展，而且精確度和專業醫生相去不遠，更大幅改善醫療效率。

6-3 智慧零售

2020 年 AI 時代下的零售業，已經進入智慧零售的進程，所謂智慧零售就是以消費者體驗為中心的零售型態，幾乎是現代企業的營運重點，傳統零售如果及時引進機器學習，將可更準確預測個別用戶偏好，未來勢必將面臨改革與智慧轉型，機器學習必須與零售商會員體系結合，做到即時智能決策，代表的是必須對客戶行為有高程度的理解，都是為了打造新的購物環境體驗。

機器學習的應用也可以透過賣場中具備主動推播特性的 Beacon 裝置，商家只要在店內部署多個 Beacon 裝置，利用機器學習技術來對消費者進行觀察，賣場不只是提供產品，更應該領先與消費者互動，一旦顧客進入訊號區域時，就能夠透過手機上 App，對不同顧客進行精準的「個人化習慣」分眾行銷，提供「最適性」服務的體驗。

台中大遠百裝置 Beacon，提供消費者優惠推播

TIPS

Beacon 是種低功耗藍牙技術（Bluetooth Low Energy, BLE），藉由室內定位技術應用，可做為物聯網和大數據平台的小型串接裝置，具有主動推播行銷應用特性，比 GPS 有更精準的微定位功能，是連結店家與消費者的重要環節，只要手機安裝特定 App，透過藍牙接收到代碼便可觸發 App 做出對應動作，可以包括在室內導航、行動支付、百貨導覽、人流分析，及物品追蹤等近接感知應用。

例如在偵測顧客的網路消費軌跡後，AI 智慧零售進而分析其商品偏好，並針對過去購買與瀏覽網頁的相關記錄，即時運算出最適合的商品組合與優惠促銷專案，發送簡訊到其行動裝置，甚至還可對於賣場配置、設計與存貨提供更精緻與個人化管理，不但能優化門市銷售，還可以提供更貼身的低成本行銷服務。

在大數據的幫助下，現在可以透過多種跨螢裝置等科技產品，把消費者的消費模式、瀏覽記錄、個人資料、商品銷售統計、庫存與購買行為、網路使用行為、購物習性、商品好壞等，統統一手掌握並且將機器學習運用在顧客關係管理（CRM）上，進行綜合分析，使其從以往管理顧客關係層次，進一步提升到服務顧客的個人化行銷，行銷人員將可以更加全面的認識消費者，從傳統亂槍打鳥式的行銷手法進入精準化個人行銷，洞察出消費者最真正迫切的需求，深入瞭解顧客，以及顧客真正想要什麼。

○ 博客來的顧客關係管理系統相當成功

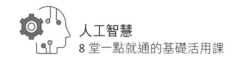
台灣最大的網路書店「博客來」不但本身的顧客關係管理系統相當成功，所推出的 App 還可以讓使用者在逛書店時，透過輸入關鍵字搜尋以及快速掃描書上的條碼，然後 AI 導引你在博客來網路上購買相同的書，完成交易後，會即時告知取貨時間與門市地點，並享受到更多折扣。

● 博客來快找還會自動幫忙搶實體書店的訂單

> **TIPS**
>
> 「顧客關係管理」（CRM）這個概念是在 1999 年時由 Gartner Group Inc 提出來，最早開始發展顧客關係管理的是美國，企業在行銷、銷售及顧客服務的過程中，透過「顧客關係管理」系統與顧客建立良好的關係。CRM 的定義是指企業運用完整的資源，以客戶為中心的目標，讓企業具備更完善的客戶交流能力，透過所有管道與顧客互動，並提供優質服務給顧客，CRM 不僅僅是一個概念，更是一種以客戶為導向的運營策略。

6-4　智慧金融科技

面對目前嶄新的數位化新時代，許多商業模式已打破傳統框架，在 AI 科技的驅動下，每個產業都可能會被顛覆，例如金融業是一個受到高度監理的產業，因此金融業一向是被動提供服務，如今無論是投資組合

管理或投資建議、日常的理財指導，還是協助引導信貸選擇，AI 不但改變了你我的生活型態，更讓金融業帶來爆炸式革命與新契機！

◎ 越來越多年輕族群對金融科技表示高度歡迎與信任

圖片來源：www.brain.com.tw

　　所謂「金融科技」（Financial Technology, FinTech）是指新創企業運用科技進化手段，例如機器學習、大數據分析等技術興起，新創企業或追求轉型的傳統金融公司嘗試利用這些新興技術，來推出創新產品或讓金融服務變得更有效率。現代金融科技引發了許多破壞式創新，金融機構也可結合 AI 科技應用於更多金融服務，的確為金融業維持競爭力之關鍵，包括線上支付、智慧理財、欺詐檢測、身分認證、加密貨幣（如比特幣）、保險科技、線上借貸、資訊安全等金融創新應用。

比特幣（Bitcoin）是一種全球通用加密電子貨幣，是透過特定演算法大量計算產生形式虛擬貨幣，這個網路交易系統由一群網路用戶所構成，和傳統貨幣最大的不同是，比特幣執行機制不依賴中央銀行、政府、企業的支援或信用擔保，而是依賴對等網路中種子檔案達成的網路協定，持有人可以匿名在這個網路上進行轉帳和其他交易。

6-4-1 智慧欺詐檢測

金融科技的應用與普及，也讓線上安全與欺詐檢測的保障更形重要，大家耳熟能詳的 PayPal 是全球最大的線上金流系統與跨國線上交易平台，屬於 ebay 旗下的子公司，到 2019 年，在全球範圍內擁有 2.5 億活躍帳戶，支持用戶接收 100 多種貨幣付款，可以讓全世界的買家與賣家自由選擇購物款項的支付方式。各位只要提供 PayPal 帳號即可，購物時所花費的款項將直接從餘額中扣除，或者 PayPal 餘額不足的時候，還可以直接從信用卡扣付購物款項。

● PayPal 是全球最大的線上金流系統

　　從網路安全的角度考慮，PayPal 平台上的欺詐行為越來越複雜，詐欺方法不斷進化是網路犯罪的一種常態特性。詐欺檢測分析對於 PayPal 的營運風險的控管至關重要，長期以來 PayPal 一直面臨著欺詐行為的攻擊，由於機器學習的模式識別一直是欺詐檢測實踐的重要組成部分，透過機器學習技術讓 PayPal 的風險控制系統可以沒有誤判地捕捉潛在欺詐行為，例如 2020 年中宣佈收購一家新創公司 Simility，該公司擁有先進的的欺詐預防和風險管理技術，可以幫助那些在欺詐檢測領域工作的人員收集和分析數據，進而為全球各客戶提供欺詐預防和風險管理服務。

● Simility 擁有先進的的 AI 欺詐預防和風險管理技術

6-4-2 智慧理財機器人

機器人的發展勢頭漸起，儼然已為不可忽視的現代科技趨勢。隨著金融科技跟人工智慧的發展，理財機器人（Robo-advisor）逐漸風行，提供理財機器人服務的公司已經非常多，目前國外在理財機器人的應用上，可以做到線上全自動化管理，甚至可以幫投資人管理現金流，透過機器學習來分析大數據財經數據與投資資料，結合市場監控與客戶投資需求，找出具未來性的市場與獲利產品，幾乎各大銀行都紛紛推出理財機器人的服務，也時常有優惠活動。

理財機器人是依照投資者的需求訂定投資策略
圖片來源：www.crossing.cw.com.tw

◎ 中國信託推出幫你挑選、盯盤、自動調整投資的智慧投資工具

6-4-3　P2P 網路借貸

　　傳統金融產業普遍面臨純網銀、金融科技業者相繼加入戰局，P2P
（Peer to Peer）是一種點對點分散式網路架構，可讓兩台以上的電
腦，藉由系統間直接交換來進行電腦檔案和服務分享的網路傳輸型態。
P2P 網路借貸（Peer-to-Peer Lending）是由一個網路平台作為中介業
務，和傳統銀行借貸不同，特色是是以個人對個人的方式進行直接借貸
服務，對貸方而言，可收取比銀行更高的利息，對借方而言，可支付比
銀行更低的利息。

🔵 P2P 貸款平台是種高效率和具有成本效益的融資模式

圖片來源：www.rich01.com

　　如此一來金錢的流動就不需要透過傳統的銀行機構，主要是個人信用貸款，網路就能夠成為交易行為的仲介，這個平台會透過大數據，提供借貸雙方彼此的信用評估資料，藉由機器學習發展出的數位助理，可在合規審查、貸款／融資等應用上，有效解決傳統手動和冗長耗時的審查流程，從貸前的欺詐和信用風險，到貸中的監控，直至貸後的催收管理，讓雙方能在平台上自由媒合。平台只會提供媒合服務，因為免去了利差，通常可讓信貸利率更低，貸款人就可以享有較低利率，放款的投資人也能更靈活地運用閒置資金，享有較高之投資報酬。

🔵 台灣第一家 P2P 借貸公司

Q & A 討 論

1. 請簡述 TensorFlow。

2. 什麼是電腦視覺（CV）？

3. 人臉辨識（Facial Recognition）技術目前有哪些創新應用？

4. 什麼是擴增實境（AR）？

5. 請簡述智慧醫療（Smart Healthcare 或 eHealth）。

6. 請簡介 Beacon 與其在智慧零售的應用。

7. 請簡介顧客關係管理（CRM）與定義。

8. 金融科技（FinTech）是什麼？

9. 何謂 P2P 網路借貸（Peer-to-Peer Lending）？

MEMO

7

玩轉深度學習的
AI 解析祕笈

▶ 認識深度學習

▶ 常見神經網路簡介

幾年前有一部非常知名的美國影集─《疑犯追蹤》（Person Of Interest），除了充滿懸疑外，曲折的劇情中還加入了極強的 AI 科技因素，內容陳述一名億萬富翁發明了一台能自我思考與學習的人工智慧機器（The Machine），這是一台全天候監視每個人的「機器」，透過 AI 與大數據可預測「有計畫或預謀策劃犯罪」的可能人物，如果發現有任何犯罪意圖或是發現有人將受到傷害，機器就會吐出這個嫌疑人的社會安全號碼，接下來這位億萬富翁和他身手不凡的夥伴就會聯手去搭救或阻止這個嫌疑人。劇中那樣能夠讓機器做到深度感知和行為預測，還能深度解讀紐約每個角落的影像和語音訊息，進而發現潛在風險的「天眼」般機器，所運用的人工智慧技術正是本章中要開始介紹的深度學習（Deep Learning）演算法。

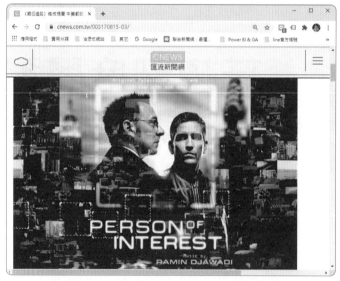

❂《疑犯追蹤》內容講述的就是有關深度學習的故事

7-1 認識深度學習

隨著越來越強大的電腦運算功能,近年來更帶動炙手可熱的「深度學習」(Deep Learning)技術的研究,讓電腦開始學會自行思考,聽起來似乎是好萊塢科幻電影中常見的幻想,許多科學家開始採用模擬人類複雜神經架構來實現過去難以想像的目標,也就是讓電腦具備與人類相同的聽覺、視覺、理解與思考的能力。無庸置疑,人工智慧、機器學習以及深度學習已變成 21 世紀最熱門的科技話題之一。

⊙ 深度學習源自於類神經網路

深度學習算是 AI 的一個分支,也可以看成是具有更多層次的機器學習演算法,深度學習蓬勃發展的原因之一,無疑就是持續累積的大數據。深度學習並不是研究者們憑空創造出來的運算技術,從早期 1950 年代左右的形式神經元(Formal Neuron)與感知器(Perceptron),到目前源自於

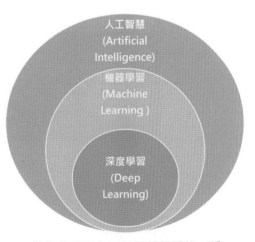

⊙ 深度學習也屬於機器學習的一種

類神經網路(Artificial Neural Network)模型,並且結合了神經網路架構與大量的運算資源,目的在讓機器建立與模擬人腦進行學習的神經網路,利用比機器學習更多層次的神經網路來分析數據,並從中找出模

式。深度學習完全不需要特別經過特徵提取的步驟，反而會「自動化」辨別與萃取各項特徵，這樣的做法和人類大腦十分相似，透過層層非線性函數組成的神經網路，並做出正確的預測，以解釋大數據中圖像、聲音和文字等多元資料，由於深度學習能夠將模型處理得更為複雜，從而使模型對資料的理解更加深入與透澈。

最為人津津樂道的深度學習應用，當屬 Google Deepmind 開發的 AI 圍棋程式 AlphaGo 接連大敗歐洲和南韓圍棋棋王。我們知道圍棋是相當抽象的對戰遊戲，其複雜度連西洋棋、象棋都遠遠不及，大部分人士都認為電腦至少還需要十年以上的時間才有可能精通圍棋。

🌐 AlphaGo 讓電腦自己學習下棋

圖片來源：https://case.ntu.edu.tw/blog/?p=26522

而 AlphaGo 就是透過深度學習學會圍棋對弈，設計上是先輸入大量的棋譜資料，棋譜內有對應的棋局問題與著手答案，以學習基本落子、規則、棋譜、策略，電腦內會以類似人類腦神經元的深度學習運算模型，引入大量的棋局問題與正確步驟來自我學習，讓 AlphaGo 學習下圍

棋的方法，根據實際對弈資料自我訓練，接著就能判斷棋盤上的各種狀況，並且不斷反覆跟自己比賽來調整，後來創下連勝 60 局的佳績，才讓人驚覺深度學習的威力確實強大。

🔎 AlphaGo 接連大敗歐洲和南韓棋王

7-1-1 解析大腦結構

　　深度學習的概念好像人類在學東西一樣，經過不斷的訓練與學習，最後形成記憶，當要判斷新事物時，參考過去所學習到的經驗與記憶來推論。由於類神經網路（Neural Network, NN）傳統上被認為是模仿大腦中的神經活動的簡化模型，目的在於模擬大

🔎 左右腦的運作特性

腦的某些機制，所以我們先簡單透過瞭解大腦神經系統，以加快認識類神經網路。

　　大腦就像一台巨大的超級電腦，外表由顱骨保護，並與脊椎構成身體內的中樞神經系統。大腦是人體的神經中樞，有關身體的一切生理活動，如臟器活動、肢體運動、感覺產生、肌體協調，以及說話、識字和理性思維等等，都是由大腦來支配和指揮。正常人的大腦可以區分成左右兩側，右半球就是「右腦」，左半球就是「左腦」，左右腦平分了腦部的所有構造。大腦奇妙之處在於兩半球分工不同，而且這兩個半球是以完全不同的方式在進行思考，左腦偏向用語言、邏輯性進行思考；右腦是以圖像進行思考，並以每秒 10 億位元的速度彼此交流。這兩個半球是以完全不同的方式在進行思考，分別掌管不同的事情。歷史上許多著名的偉大人物，多半擁有左右腦均衡和協調發展的能力，使其能達到機能上分工合作的目的，並且從整體結構上開發大腦。

> **TIPS**
>
> 　　左腦具有學術與語言的思維能力，一般人日常生活中利用最多的就是左腦，主要幫助我們從事邏輯、數字、文字、分類等抽象活動。右腦主要從事形象圖形、空間、節奏、方位、直覺、情感等形象思維能力。通常做任何一項思考活動，左右腦都會同時參與，但針對不同的活動性質，左右腦的參與程度卻會有所不同。例如計算數字或投資判斷等分析性工作，左腦的使用率較高；而欣賞電影或聆聽音樂時，是使用了更多的右腦。

　　人腦的重量大約一公斤多，結構非常複雜，內部有超過 860 億個神經元與超過 100 兆條神經間相連，它可以說是身體中最神祕的一個器官，蘊藏著靈敏而奇妙的運作機制，而神經系統間的傳導就是靠著神經元間的訊息交流所引發。神經元會長出兩種觸手狀的組織，稱為「軸突」（axons）與「樹突」（dendrites）。軸突將神經衝動傳到另外一個神經細胞，也就是負責將訊息傳遞出去，樹突接收別的神經元傳來的訊

息，也就是負責將訊息帶回細胞核，至於細胞核是提供細胞維生的必需品，是細胞代謝和遺傳的控制中心。

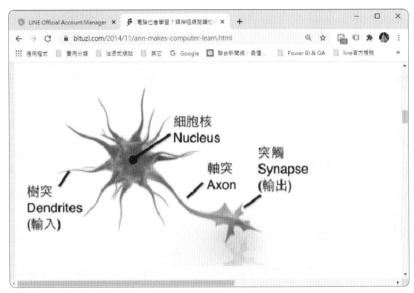

● 神經元會長出兩種觸手狀的組織，稱為軸突與樹突

圖片來源：https://www.bituzi.com/2014/11/ann-makes-computer-learn.html

神經元每秒可完成訊息傳遞和交換次數達 1000 億次，當細胞表面接收到神經傳導物質時，神經元便會產生電位來傳遞訊息。當我們開始學習新的事物時，數以萬計的神經元就會自動組成一組經驗拼圖，當神經元發出與過去經驗拼圖類似的訊號時，就出現了學習模式。這些細長樹枝狀的神經元彼此間軸突就像巨大的橡樹樹冠一樣，不斷地劈叉、分支、再劈叉，使得每個神經元透過突觸與另外上千個神經元

● 神經軸突連結形成學習模式

發生聯繫。軸突就會像巨大的蒲公英一樣，不斷地劈叉再分支，以此模式形成上兆個神經軸突，因其外型都十分類似，而稱為神經元。當神經元受到電流衝擊時，就會釋放或接收某些化學物質到軸突，藉此電化學效應來雙向傳遞訊息。

> **TIPS**
>
> 　　當大腦接受到外界新的刺激時，會立刻將它傳達給旁邊負責保存記憶的海馬迴組織（hippocampus），海馬迴對於記憶影響很大，它橫跨於左右腦中間，是人類的學習中樞，接受各種感官傳來的訊息，功用是將訊息轉化為記憶，並透過神經元運作將新資訊與儲存的資訊相連結。如果是從腦神經醫學的角度來看，在腦前額部份還有一個呈扁桃形的區域，稱為杏仁核（amygdala）。杏仁核是人類的情緒中心，管理與儲存各式情緒反應。當海馬迴記憶事物時，會藉由杏仁核發出的振動來做某些判斷。

　　神經元的數目是與生俱來，隨著年齡增長會有減少，而且無法再生，不過神經軸突如果遭到破壞，卻是可以再生。就像老年人或是中風者的神經元即使永遠受損，但神經軸突仍會建立其他網路，因此可以恢復部分語言或肢體的原來功能。大腦的學習與神經軸突行為間是有著相當密切的動態關連，經常使用大腦，神經軸突的數量就會增多，處理資訊的速度當然會越有效率。在我們的身體內，無時無刻都有成千上萬的神經軸突不斷受到刺激，使我們可以與外界接觸與感知。

7-1-2　類神經網路簡介

　　「類神經網路」（Artificial Neural Network）架構就是模仿生物神經網路的數學模式，取材於人類大腦結構，基本組成單位就是神經元，神經元的構造方式完全類比了人類大腦神經細胞。類神經網路透過設計函

數模組，使用大量簡單相連的人工神經元（Neuron），並模擬生物神經細胞受特定程度刺激來反應刺激的研究。權重值是類神經網路中的學習重點，各個神經運算單元之間的連線會搭配不同權重（weight），各自執行不同任務，就像神經元動作時的電位一樣，一個神經元的輸出可以變成下一個類神經網路的輸入脈衝，類神經網路的學習功能就是比對每次的結果，然後不斷地調整連線上的權重值，只要訓練的歷程愈扎實，這個被電腦系統所預測的最終結果，接近事實真相的機率就會愈大。

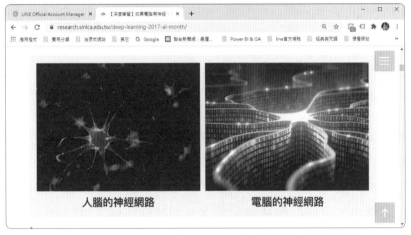

🔮 深度學習可以說是模仿大腦，具有多層次的機器學習法

圖片來源：https://research.sinica.edu.tw/deep-learning-2017-ai-month/

　　由於類神經網路具有高速運算、記憶、學習與容錯等能力，近年來配合電腦運算速度的大幅躍進，使得類神經網路的功能更為強大，運用層面也更為廣泛。類神經網路要能正確的運作，必須透過訓練的方式，可以利用一組範例，讓電腦藉由餵養大量訓練資料，透過神經網路模型建立出系統模型，讓類神經網路反覆學習，歸納出背後的規則，經過一段時間的經驗值，做出最適合的判斷，便可以推估、預測、決策、診斷的相關應用。

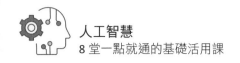
7-1-3 類神經網架構

深度學習可以說是具有層次性的機器學習法，透過一層一層的處理工作，可以將原先所輸入大量的資料漸漸轉為有用的資訊，通常人們提到深度學習，指的就是「深度神經網路」（Deep Neural Network）演算法。類神經網架構就是模擬人類大腦神經網路架構，各個神經元以節點的方式連結各個節點，並產生想要計算的結果，這個架構蘊含三個最基本的層次，每一層各有為數不同的神經元組成，包含輸入層（Input layer）、隱藏層（Hidden layer）、輸出層（Output layer），各層說明如下：

- **輸入層**：接受刺激的神經元，也就是接收資料並輸入訊息之一方，就像人類神經系統的樹突（接受器）一樣，不同輸入會激活不同的神經元，但不對輸入信號（值）執行任何運算。

- **隱藏層**：不參與輸入或輸出，隱藏於內部，負責運算的神經元，隱藏層的神經元透過不同方式轉換輸入數據，主要的功能是對所接收到的資料進行處理，再將所得到的資料傳遞到輸出層。隱藏層可以有一層以上或多個隱藏層，只要增加神經網路的複雜性，辨識率都隨著神經元數目的增加而成長，來獲得更好學習能力。

> **TIPS**
>
> 神經網路如果是以隱藏層的多寡個數來分類，大概可以區分為「淺神經網路」與「深度神經網路」兩種類型，當隱藏層只有一層通常被稱為「淺神經網路」。當隱藏層有一層以上（或稱有複數層隱藏層）則被稱為「深度神經網路」，在相同數目的神經元時，深度神經網路的表現總是比較好。

- **輸出層**：提供資料輸出的一方，接收來自最後一個隱藏層的輸入，輸出層的神經元數目等於每個輸入對應的輸出數，透過它我們可以得到合理範圍內的理想數值，挑選最適當的選項再輸出。

7-1-4　手寫數字辨識系統

接下來我們將利用手寫數字辨識系統為例來實際說明類神經網架構，首先讓電腦根據所輸入的圖片資料，結合深度學習演算法，不斷根據所接收的資料，自行調整演算法中各種參數的權重來提高機器本身的預測能力，權重代表不同神經元之間連接的強度，權重決定輸入對輸出的影響力，進而精準辨識出所要呈現的數字。

首先我們要知道在電腦看來，這些圖片只是一群排成二維矩陣，帶有位置編號的像素，電腦其實並不如人類有視覺與能夠感知的大腦，而他們依靠的兩項主要的數據就是：像素的座標與顏色值。在尚未正式說明之前，我們先來簡單介紹像素（pixel）代表的意義，所謂像素，就是螢幕畫面上最基本的構成粒子，每一個像素都記錄著一種顏色。電腦螢幕的顯像是由一堆像素（pixel）所構成，簡單的說就是螢幕上的點。一般我們所說的螢幕解析度為 1024x768 或是畫面解析度為 1024x768，指的便是螢幕或畫面可以顯示寬 1024 個點與高 768 個點。螢幕上的顯示方式如下圖所示：

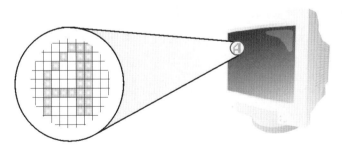

🔘 螢幕上的像素呈現示意圖

當我們在對影像作處理或是影像作辨識時，都需要從每個像素中去取得這張圖的特徵，除了考慮到每個像素的值之外，還需要考慮像素和像素之間的關連。

至於彩色圖片，每一個像素需要透過紅（Red）、綠（Green）、藍（Blue）三原色各 8 位元（Bit）進行加法混色所形成，而且同時將此三色等量混合時，會產生白色光，0 代表最暗的顏色—黑色，255 代表最亮的顏色—白色，則稱為 RGB 模式。所以此模式中每個像素是由 24 位元（3 個位元組）表示，每一種

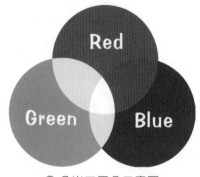

🔘 色光三原色示意圖

色光都有 256 種光線強度（也就是 2^8 種顏色）。三種色光正好可以調配出 2^{24}=16,777,216 種顏色，也稱為 24 位元全彩。例如在電腦、電視螢幕上展現的色彩，或是各位肉眼所看到的任何顏色，都是選用「RGB」模式。

接下來為了幫助大家理解機器自我學習的流程，各位不妨想像「隱藏層」就是一種數學函數概念，主要就是負責數字識別的一連串處理工作。由於手寫數字中最後的輸出結果數字只有 0 到 9 共 10 種可能性，若要判斷手寫文字為 0~9 哪一個時，可以設定輸出會有 10 個值，只要透過「隱藏層」中一層又一層函數處理，可以逐步計算出最後「輸出層」中 10 個人工神經元的像素灰度值（或稱明暗度），其中每個小方格代表一個 8 位元像素所顯示的灰度值，範圍一般從 0 到 255，白色為 255，黑色為 0，共有 256 個不同層次深淺的灰色變化，然後再從其中選擇灰度值最接近 1 的數字，作為程式最終作出正確數字的辨識。如下圖所示：

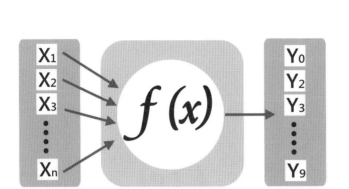

輸入層　　　　隱藏層　　　　輸出層

🔘 手寫數字辨識系統即便只有單一隱藏層，也能達到 97% 以上的準確率

　　第一步假設我們將手寫數字以長 28 像素、寬 28 像素來儲存代表該手寫數字在各像素點的灰度值，總共 28x28=784 像素，其中每一個像素

就如同是一個模擬的人工神經元，這個人工神經元儲存 0~1 之間的數值，該數值就稱為「激活函數」（Activation Function），激活值的數值大小代表該像素的明暗程度，數字越大代表該像素點的亮度越高，數字越小代表該像素點的亮度越低。舉例來說，如果一個手寫數字 7，可以將這個數字以 28x28=784 個像素值的示意圖如右。

　　如果將每個點所儲存的像素明亮度分別轉換成一維矩陣，則可以分別表示成 X1、X2、X3……X784，每一個人工神經元分別儲存 0~1 之間的數值代表該像素的明暗程度，不考慮中間隱藏層的實際計算過程，我們直接將隱藏層用函數表示，下圖的輸出層中代表數字 7 的神經元的灰度值為 0.98，是所有 10 個輸出層神經元所記錄的灰度值亮度最高，最接近數值 1，因此可以辨識出這個手寫數字最有可能的答案是數字 7，

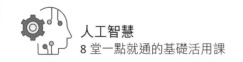
而完成精準的手寫數字的辨識工作。手寫數字 7 的深度學習的示意圖
如下：

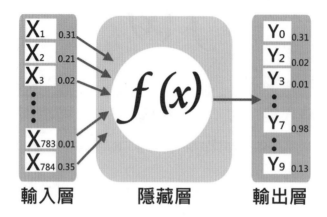

我們以前面所說的手寫數字辨識為例，這個神經網路包含三層神經
元，除了輸入和輸出層外，中間有一層隱藏層主要負責資料的計算處理
與傳遞工作，隱藏層則是隱藏於內部不會實際參與輸入與輸出工作，最
簡單的模型為只有一層隱藏層，又被稱為淺神經網路，如下圖所示：

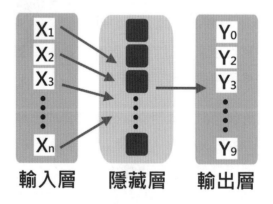

例如下圖就是一種包含 2 層隱藏層的深度神經網路示意圖，輸入層
的資料輸入後，會經過第 1 層隱藏層的函數計算工作，並求得第 1 層隱

藏層各神經元中所儲存的數值,接著再以此層的神經元資料為基礎,接著進行第 2 層隱藏層的函數計算工作,並求得第 2 層隱藏層各神經元中所儲存的數值,最後再以第 2 層隱藏層的神經元資料為基礎經過函數計算工作後,最後求得輸入層各神經元的數值。

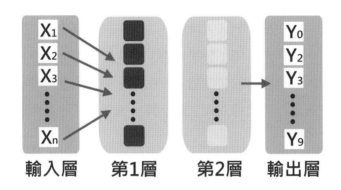

也許只有兩個隱藏層看起並沒有算很深,但在實務上神經網路可以高達數十層至數百層或者更多層,下圖為包含 k 層隱藏層的示意度,假設 k 值高達數十層至數百層,這樣的模型就是名符其實的深度神經網路。

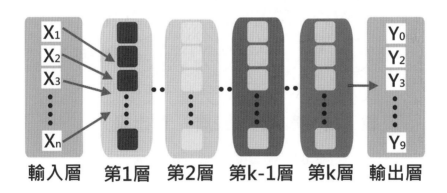

有了深度神經網路的各種模型概念之後,接下我們會使用到激活值(激活函數或活化函數),因為上層節點的輸出和下層節點的輸入之間具

有一個函數關係，並把值壓縮到一個更小範圍，透過這樣的非線性函數會讓神經網路更逼近結果。接下來我們以剛才學的手寫數字 7 為例，將中間隱藏層的函數實際以 k 層隱藏層為例，當激活值數值為 0 代表亮度最低的黑色，數字為 1 代表亮度最高的白色，因此任何一個手寫數字都能以記錄 784 個像素灰度值的方式來表示。有了這些「輸入層」資料，再結合演算法機動調整各「輸入層」的人工神經元與下一個「隱藏層」的人工神經元連線上的權重，來決定「第 1 層隱藏層」的人工神經元的灰度值。也就是說，每一層的人工神經元的灰度值必須由上一層的人工神經元的值與各連線間的權重來決定，再透過演算法的計算，來決定下一層各個人工神經元所儲存的灰度值。

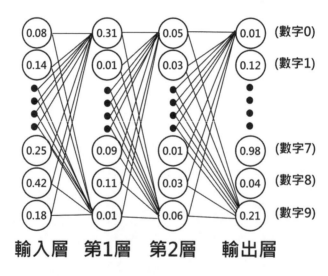

🔩 我們看到數字 7 的機率最高 0.98

　　為了方便問題的描述，「第 1 層隱藏層」的人工神經元的數值和上一層輸入層有高度關連性，我們再利用「第 1 層隱藏層」的人工神經元儲存的灰度值及權重去決定「第 2 層隱藏層」中人工神經元所儲存的灰度值，也就是說，「第 2 層隱藏層」的人工神經元的數值和上一層「第

1 個隱藏層」有高度關連性。接著我們再利用「第 2 個隱藏層」的人工神經元儲存的灰度值及各連線上的權重去決定「輸出層」中人工神經元所儲存的灰度值。從輸出層來看，灰度值越高（數值越接近 1），代表亮度越高，越符合我們所預測的圖像。

7-2 常見神經網路簡介

　　基本上，深度學習就是一種模擬人類神經網路的運作方式，實作過程會把問題模組化，也就是拆解成許多小塊，就像是一條生產線，上面有很多工作站，訊號來到每一個工作站，都只會做一個簡單的判斷，但把這些簡單判斷的結果集合起來，就能讓機器完成複雜的判斷。深度學習也是人工智慧中，成長最快的領域，在深度學習十分火熱的今天，經常會湧現出各種

⬥ 深度學習就像是一條生產線，每個過程負責不同工作

新型的人工神經網路，儘管這些架構都各不相同，都有可能讓應用人工智慧的想法逐一實現。接下來我們特別要介紹擅長處理圖像的卷積神經網路（CNN）及擁有記憶能力的遞迴神經網路（RNN）。

7-2-1 卷積神經網路（CNN）

　　「卷積神經網路」（Convolutional Neural Networks, CNN）是目前深度神經網路（Deep Neural Network）領域的發展主力，也是最適合圖形辨識的神經網路，1989 年由 LeCun Yuan 等人提出的 CNN 架構，在手寫辨識分類或人臉辨識方面都有不錯的準確度，擅長把一種素材剖析

分解，每當 CNN 分辨一張新圖片時，在不知道特徵的情況下，會先比對圖片中的各個局部，這些局部被稱為「特徵」（feature），這些特徵會捕捉圖片中的共通要素，在這個過程中可以獲得各種特徵量，藉由在相似的位置上比對大略特徵，然後擴大檢視所有範圍來分析所有特徵，以迅速解決影像辨識的問題。

　　CNN 是一種非全連接的神經網路結構，這套機制背後的數學原理被稱為「卷積」（convolution），與傳統的多層次神經網路最大的差異在於多了「卷積層」（Convolution Layer）與「池化層」（Pooling Layer）這兩層，因為有了這兩層讓 CNN 比起傳統的多層次神經網路更具備能夠掌握圖像或語音資料的細節，而不像其他神經網路只是單純的提取資料進行運算。正因為這樣的原因，CNN 非常擅長圖像或影音辨識的工作，除了能夠維持形狀資訊並且避免參數大幅增加，還能保留圖像的空間排列及取得局部圖像作為輸入特徵，加快系統運作的效率。

　　在還沒開始實際解說卷積層（Convolution Layer）及池化層（Pooling Layer）的作用之前，我們先以下面的示意圖說明卷積神經網路（CNN）的運作原理：

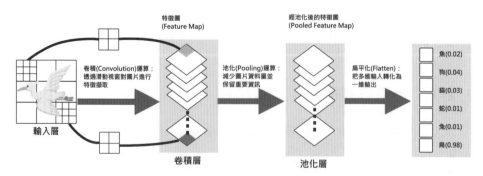

🔽 卷積神經網路（CNN）示意圖

上圖只是單層的卷積層的示意圖，在上圖中最後輸出層的一維陣列的數值，就足以作出這次圖片辨識結果的判斷。簡單來說，CNN 會比較兩張圖相似位置局部範圍的大略特徵，來作為分辨兩張圖片是否相同的依據，這樣會比直接比較兩張完整圖片來得容易判斷且快速許多。

卷積神經網路系統在在訓練的過程中，會根據輸入的圖形，自動幫忙找出各種圖像包含的特徵，以辨識鳥類動物為例，卷積層的每一個平面都抽取了前一層某一個方面的特徵，只要再往下加幾層卷積層，我們就可以陸續找出圖片中的各種特徵，這些特徵可能包括鳥的腳、嘴巴、鼻子、翅膀、羽毛…等，直到最後找到圖片整個輪廓了，就可以精準判斷所辨識的圖片是否為鳥？

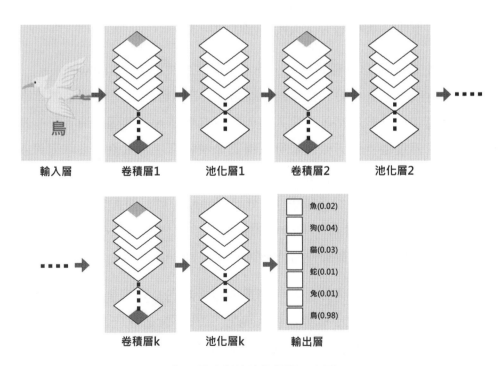

● 多層式卷積神經網路示意圖

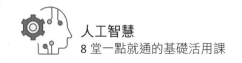
卷積神經網路（CNN）可以說是目前深度神經網路（deep neural network）領域的重要理論，它在辨識圖片的判斷精準程度甚至還超過人類想像及判斷能力。接著我們還要對卷積層及池化層做更深入的說明。

🌐 卷積層（Convolution Layer）

CNN 的卷積層其實就是在對圖片做特徵擷取，也是最重要的核心精神，不同的卷積動作就可以從圖片擷取出各種不同的特徵，直到找出最好的特徵最後再進行分類。我們可以根據每次卷積的值和位置，製作一個新的二維矩陣，也就是一張圖片裡的每個特徵都像一張更小的圖片，也就是更小的二維矩陣。這也就是利用特徵篩選過後的原圖，也可以告訴我們在原圖的哪些地方可以找到那樣的特徵。

由於 CNN 運作原理是透過一些指定尺寸的視窗（sliding window），或稱為過濾器（filter）、卷積核（Kernel）等，目的就是幫助我們萃取出圖片當中的一些特徵，就像人類大腦在判斷圖片的某個區塊有什麼特色一樣。然後由上而下依序滑動取得圖像中各區塊特徵值，卷積運算就是將原始圖片的與特定的過濾器做矩陣「內積運算」，也就是與過濾器各點的相乘計算後得到特徵圖（feature map），就是將影像進行特徵萃取，目的是可以保留圖片中的空間結構，並從這樣的結構中萃取出特徵，並將所取得的特徵圖傳給下一層的池化層（pool layer）。

一張圖片的卷積運算其實很簡單，假設我們有張圖是英文字母 T，5X5 的像素圖，並轉換成對應的 RGB 值，其中數值 0 代表黑色，數值 255 代表白色，數字越小亮度越小，下圖分別為字母「T」的點陣圖示意圖：

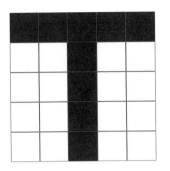

此處我們設定過濾器（filter）為 2x2 矩陣，要計算特徵圖片和圖片局部的相符程度，只要將兩者各個像素上的值相乘即可。底下的步驟將開始對每個像素做卷積運算，下圖片中紅色框起來的部份會和過濾器（filter）進行點跟點相乘，最後再全部相加得到結果，這個步驟就是卷積運算。

步驟 1

步驟 2

步驟 3

0	0	0 (x1)	0 (x0)	0
255	255	0 (x1)	255 (x0)	255
255	255	0	255	255
255	255	0	255	255
255	255	0	255	255

X

1	0
1	0

=

255	255	0	255
510	510	0	510
510	510	0	510
510	510	0	510

步驟 4

0	0	0	0 (x1)	0 (x0)
255	255	0	255 (x1)	255 (x0)
255	255	0	255	255
255	255	0	255	255
255	255	0	255	255

X

1	0
1	0

=

255	255	0	255
510	510	0	510
510	510	0	510
510	510	0	510

步驟 5

0	0	0	0	0
255 (x1)	255 (x0)	0	255	255
255 (x1)	255 (x0)	0	255	255
255	255	0	255	255
255	255	0	255	255

1	0
1	0

=

255	255	0	255
510	510	0	510
510	510	0	510
510	510	0	510

步驟 6

0	0	0	0	0
255	255 x1	0 x0	255	255
255	255 x1	0 x0	255	255
255	255	0	255	255
255	255	0	255	255

X

1	0
1	0

=

255	255	0	255
510	510	0	510
510	510	0	510
510	510	0	510

步驟 7 其他以此作法,各位可以分別得到經卷積運算所得到的結果,下圖則為最右下角(即最後一個步驟)求值的示意圖:

0	0	0	0	0
255	255	0	255	255
255	255	0	255	255
255	255	0	255 x1	255 x0
255	255	0	255 x1	255 x0

X

1	0
1	0

=

255	255	0	255
510	510	0	510
510	510	0	510
510	510	0	510

　　看完上面圖示步驟後,可能各位已經輕鬆看出圖片卷積怎麼運作的了,中間 2x2 的矩陣就是過濾器(Filter),整張圖的過濾器就是每個位置都會運算到,運算方式一般都是從左上角開始計算,然後橫向向右邊移動運算,到最右邊後在往下移一格,繼續向右邊移動運算,就是將 2x2 的矩陣在圖片上的像素一步一步移動(步數稱為 Stride 步數),如果我們把 stride 加大,那麼涵蓋的特徵會比較少,但速度較快,得出的特徵圖(feature map)更小,在每個位置的時候,計算兩個矩陣相對元素的乘積並相加,輸出一個值然後放在一個矩陣(右邊的矩陣),請注意!CNN 訓練的過程就是不斷地在改變過濾器來凸顯這個輸入圖像上的特徵,而且每一層卷積層的 filter 也不會只有一個,這就是基本的卷積運算過程。

🌐 池化層（Pooling Layer）

池化層主要的目的是在盡量將圖片資料量減少並保留重要資訊的方法，功用是將一張或一些圖片池化成更小的圖片，這樣不但不會影響到我們的目的，還可以再一次減少神經網路的參數運算。圖片的大小可以藉著池化過程變得很小，池化後的資訊會更專注於圖片中是否存在相符的特徵，而非圖片中哪裡存在這些特徵，保有很好的抗雜訊功能。原圖經過池化以後，其所包含的像素數量會降低，還是保留了每個範圍和各個特徵的相符程度，例如把原本的資料做一個最大化或是平均化的降維計算，所得的資訊更專注於圖片中是否存在相符的特徵，而不必分心於這些特徵所在的位置。

此外，池化層也有過濾器，也是在輸入圖像上進行滑動運算，但和卷積層不同的地方是滑動方式不會互相覆蓋，除了最大化池化法外，也可以做平均池化法（取最大部份改成取平均）、最小化池化法（取最大部份改成取最小化）等，下例將以一個 2x2 的池化法（pooling）當作例子，所以整個圖片做池化的方式如下圖。原本 4x4 的圖片因為我取 2x2 的池化，所以會變成 2x2，下圖分別秀出 Max Pool、Min Pool 及 Mean Pool 的最後輸出結果：

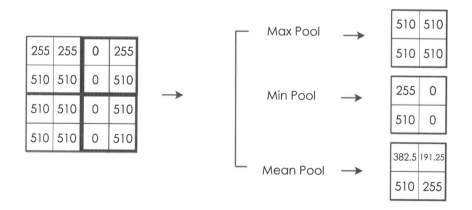

如果以像素呈現的點陣圖，其外觀示意圖如下：

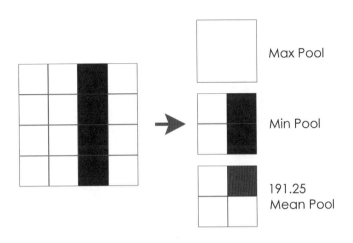

7-2-2　遞迴神經網路（RNN）

「遞迴神經網路」（Recurrent Neural Network, RNN）則是一種有「記憶」的神經網路，會將每一次輸入所產生狀態暫時儲存在記憶體空間，而這些暫存的結果被稱為隱藏狀態（hidden state），RNN 將狀態在自身網路中循環傳遞，允許先前的輸出結果影響後續的輸入，一般有前後關係且較重視時間序列的資料，如果要進行類神經網路分析，都會使用遞迴神經網路（RNN）進行分析，例如像動態影像、文章分析、自然語言、聊天機器人這種具備時間序列的資料，就非常適合遞迴神經網路（RNN）來實作。

美國史丹佛大學就曾發表讓電腦看到圖片後，自動造句來描述照片裏面是甚麼，就是種 RNN 的運用。我們運用同樣的演算邏輯思維如果應用在情境動畫圖片，並以一個最適合的英文單字去預測該情境動畫圖

片代表哪一個單字,例如下列各情境動畫圖片下方都有一個經過遞迴神經網路(RNN)進行分析所預測的英文單字:

bachelor　　vehicle　　vegetarian　　wallet

🔻 高鐵的站名間有時間序列關係

　　上面所談到的時間序列相關問題,就是指這次回答會受到上一個時間順序回答的影響,當然也會影響下一個時間序列的回答,我們就會說這個答案是有時間相關性。舉例來說,我們要搭乘由南部的第一站左營站的高鐵到北部最後一站的南港站,各站到達時間的先後順序為左營、台南、嘉義、雲林、彰化、台中、苗栗、新竹、桃園、板橋、台北、南港等站,如果想要推斷下一站會停靠哪一站,只要記得上一站停靠的站名,就可以輕易判斷出下一站的站名,同樣地,也能清楚判斷出下下一站的停靠點,這種例子就是一種有時間序列前後關連性的例子。

　　由於遞迴神經網路具有更為強大的表示能力,我們再舉另外一個例子,來說明什麼是時間序列相關的生活應用,就以 LINE 聊天機器人中的「AI 自動回應訊息」為例,在 LINE 官方帳號的管理後台會事先將客戶詢問的訊息分為四大類型的訊息範本:「一般問題」、「基本資訊」、「特色資訊」、「預約資訊」:

例如在「一般問題」中就可以看到歡迎、說明、感謝⋯等類型的訊息範本。如下圖所示：

歡迎		謝謝您傳訊息給油漆式速記多國語言雲端學習系統帳號！本系統可以自動回答關⋯
說明		本系統可以自動回覆一般基本疑問。若是稍微複雜的疑問，則會由客服人員⋯
感謝		很高興能為您服務！如有其他疑問，歡迎隨時與我們聯絡，謝謝！
無法回應		很抱歉，我們無法理解您的疑問，請換個方式再問一次。
客訴		謝謝您的寶貴意見，我們會盡速處理或加以改善。
與我們聯絡		謝謝您的訊息。此為自動回覆系統，敬請耐心等候客服⋯
諮詢內容過多		很抱歉，我們無法理解您的疑問，請換個方式再問一次。

就以上圖中「歡迎」類型為例，當商家（此處以油漆式速記多國語言雲端學習系統官方帳號為例）的顧客在 LINE 留言：「您好」，這個時候，LINE 的 AI 自動回應訊息就會從「歡迎」類型的範本回答如右：

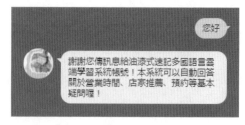

又例如當商家官方帳號的顧客好友在 LINE 留言：「功能介紹」，LINE 的 AI 自動回應訊息就會從「說明」類型範本中回應如右：

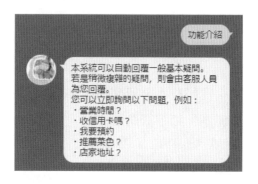

因此只要在 LINE 官方帳號設定聊天方式為「AI 自動回應訊息（智慧聊天）」後，當用戶傳訊息向您的帳號發問時，聊天機器人就會自動依據您設定的內容及問題的前後時間順序對答如流，回答內容之真實性，就仿如真人與您對話。

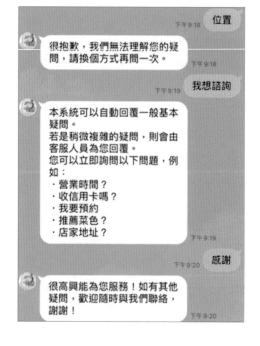

事實上，遞迴神經網路比起傳統的神經網路的最大差別在於記憶功能與「前後時間序列的關連性，在每一個時間點取得輸入的資料時，除了要考慮目前時間序列要輸入的資料外，也會一併考慮前一個時間序列所暫存的隱藏資訊。如果以生活實例來類比「遞迴神經網路」（RNN），記憶是人腦對過去經驗的綜合反應，這些反應會在大腦中留下痕跡，並在一定條件下呈現出來，不斷地將過往資訊往下傳遞，是在時間結構上存在共享特性，所以我們可以用過往的記憶（資料）來預測或瞭解現在的現象。

從人類語言學習的角度來看，當我們在理解一件事情時，絕對不會憑空想像或從無到有重新學習，就如同我們在閱讀文章，必須透過上下文來理解文章，這種具備背景知識的記憶與前後順序的時間序列的遞迴（recurrent）概念，就是遞迴神經網路與其他神經網路模型較不一樣的特色。

🔵 遞迴神經網路解決課表問題

接著我們打算用一個生活化的例子來簡單說明遞迴神經網路，許多家長望子成龍，小明家長會希望在小明週一到週五下課之後晚上固定去補習班上課，課程安排如下：

- 週一上作文課
- 週二上英文課
- 週三上數學課
- 週四上跆拳道
- 週五上才藝班

就是每週從星期一到星期五不斷地循環。如果前一天上英文課，今天就是上數學課；如果前一天上才藝班，今天就會作文課，非常有規律。

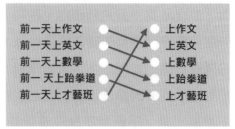

萬一前一次小明生病上課請假，那是不是就沒辦法推測今天晚上會上什麼課？但事實上，還是可以的，因為我們可以從前二天上的課程，預測昨天晚上是上什麼課。所以，我們不只能利用昨天上什麼課來預測今天準備上的課程，還能利用昨天的預測課程，來預測今天所要上的課程。另外，如果我們把「作文課、英文課、數學課、跆拳道、才藝班」改為用向量的方式來表示。比如說我們可以將「今天會上什麼課？」的預測改為用數學向量的方式來表示。假設我們預測今天晚上會上數學課，則將數學課記為 1，其他四種課程內容都記為 0。

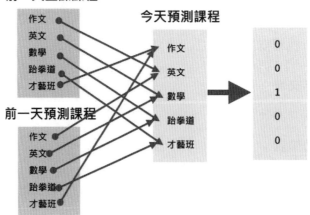

此外，我們也希望將「今天預測課程」回收，用來預測明天會上什麼課程？下圖中的藍色箭頭的粗曲線，表示了今天上什麼課程的預測結果將會在明天被重新利用。

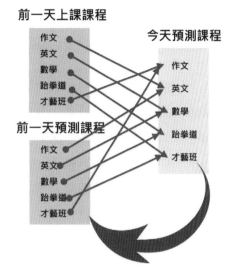

如果將這種規則性不斷往前延伸，即使連續 10 天請假出國玩都沒有上課，透過觀察更早時間的上課課程規律，我們還是可以準確地預測今天晚上要上什麼課？而此時的遞迴神經網路示意圖，參考如下：

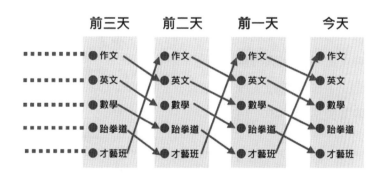

由上面的例子說明，我們得知有關 RNN 的運作方式可以從以下的示意圖看出，第 1 次『時間序列』（Time Series）來自輸入層的輸入為 x_1，產生輸出結果 y_1；第 2 次時間序列來自輸入層的輸入為 x_2，要產出輸出結果 y_2 時，必須考慮到前一次輸入所暫存的隱藏狀態 h_1，再與這一次輸入 x_2 一併考慮成為新的輸入，而這次會產生新的隱藏狀態 h_2 也

會被暫時儲存到記憶體空間，再輸出 y_2 的結果；接著再繼續進行下一個時間序列 x_3 的輸入，⋯⋯以此類推。

如果以通式來加以說明 RNN 的運作方式，就是第 t 次時間序列來自輸入層的輸入為 x_t，要產出輸出結果 y_t 必須考慮到前一次輸入所產生的隱藏狀態 h_{t-1}，並與這一次輸入 x_t 一併考慮成為新的輸入，而該次也會產生新的隱藏狀態 h_t 並暫時儲存到記憶體空間，再輸出 y_t 的結果，接著再接續進行下一個時間序 x_{t+1} 的輸入，⋯⋯以此類推。綜合歸納遞迴神經網路（RNN）的主要重點，RNN 的記憶方式在考慮新的一次的輸入時，會將上一次的輸出記錄的隱藏狀態連同這一次的輸入當作這一次的輸入，也就是說，每一次新的輸入都會將前面發生過的事一併納入考量。

下面的示意圖就是 RNN 記憶方式及 RNN 根據時間序列展開後的過程說明。

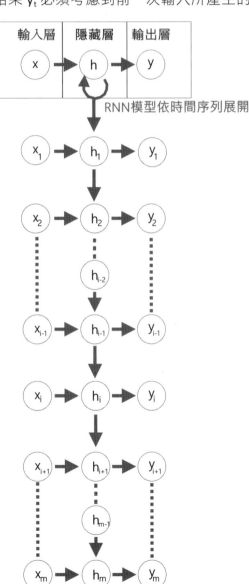

RNN模型依時間序列展開

遞迴神經網路強大的地方在於它允許輸入與輸出的資料不只是單一組向量,而是多組向量組成的序列,另外 RNN 也具備有更快訓練和使用更少計算資源的優勢。就以應用在自然語言中文章分析為例,通常語言要考慮前言後語,為了避免斷章取義,要建立語言的相關模型,如果能額外考慮上下文的關係,準確率就會顯著提高。也就是說,當前「輸出結果」不只受上一層輸入的影響,也受到同一層前一次「輸出結果」的影響(即前文)。例如下面這兩個句子:

- 我「不在意」時間成本,所以我選擇搭乘「火車」從高雄到台北的交通工具

- 我「很在意」時間成本,所以我選擇搭乘「高鐵」從高雄到台北的交通工具

在分析「我選擇搭乘」的下一個詞時,若不考慮上下文,「火車」、「高鐵」的機率是相等的,但是如果考慮「我很在意時間成本」,選「高鐵」的機率應該就會大於選「火車」。反之,但是如果考慮「我不在意時間成本」,選「火車」的機率應該就會大於選「高鐵」。

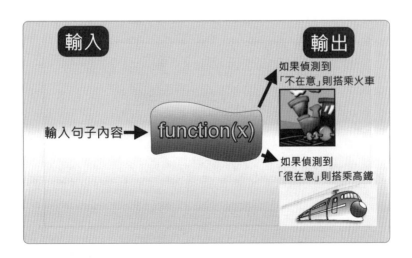

1. AlphaGo 如何學會圍棋對弈？

2. 請介紹深度學習與類神經網路（Artificial Neural Network）的關係。

3. 什麼是軸突（axons）與樹突（dendrites）？有哪種功用？

4. 類神經網路架構有哪三層？

5. 請問卷積神經網路（CNN）的特點為何？

6. 請簡述卷積層（Convolution Layer）的功用。

7. 請簡述池化層（Pooling Layer）的功用。

8. 請簡介遞迴神經網路（RNN）。

9. 遞迴神經網路比起傳統神經網路的最大差別在哪？

8 深度學習的 AI
創意吸睛應用實務

- ▶ 語音辨識
- ▶ 自然語言
- ▶ 影像辨識

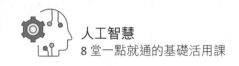
雖然我們或許沒有發覺，但深度學習早已深入現代人生活之中，深度學習技術主要是透過多層次的訓練模型篩選與輸入大量資料集，然後逐步提高預測結果的正確率，以便讓輸出值的正確率達到理想範圍。時至今日，深度學習最大的進展成果就是能讓電腦學習判讀「圖像」以及「聲音」，正因為深度學習適合用來分析複雜與高維度的影像、音訊、影片和文字檔等數據，便能執行過去機器難以達成的任務，協助人類日常中的工作。所以一般認為目前深度學習的主要應用領域有三：「語音辨識、影像辨識與自然語音處理」。以下我們將介紹深度學習目前的三大主流應用實務。

⦿ DeepMind 開發的 AI 系統，讀唇語的精確度贏過專業人士
圖片來源：https://kknews.cc/tech/kxl3v9p.html

8-1　語音辨識

說話是人類最自然的交流方式，從各位早上起床開始，一天的生活中就充滿了各式各樣的聲音，如鳥叫聲、收音機音樂聲、吵人的鬧鐘聲等，而人與人之間主要也是透過聲音來進行言語間的溝通。過去如何

讓電腦也能辨識聲音一直是專家學者們關心的問題,語音辨識領域自從 1980 年代時,美國麻省理工學院的實驗室開始進行研究時,就受到相當重視,不過當時辨識率不高,一直沒辦法廣泛應用在商業用途。直到 2012 年,科學家開始用深度神經網路(DNN),帶來的是比以往更有感的語音辨識率提升,才逐漸受到國際間大型企業與學術機構的關注與重視。

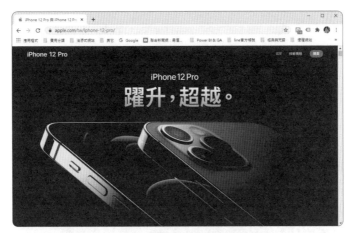

🔍 iPhone 12 Pro 提供了更人性化的 Siri 功能

🔍 生活中充滿了各式各樣的聲音

　　目前深度學習技術在「語音辨識」（speech recognition）領域的運用已經取得了顯著的進步，特別是智慧語音助理無疑是近年來很熱門話題，語音已成為與智慧終端互動不可或缺的方式，不但普及到每個人的智慧手機，或是預期未來將深入到每個家庭的智慧喇叭，例如帶動風潮的蘋果 Siri（Speech Interpretation and Recognition Interface，語音解析及辨識介面）與亞馬遜的 Alexa 等，上面都搭載有語音助理提供方便自然的語音互動介面，讓你完全不用動手，輕鬆透過說話來命令機器打電話、聽音樂、傳簡訊、開啟 App、設定鬧鐘等功能。

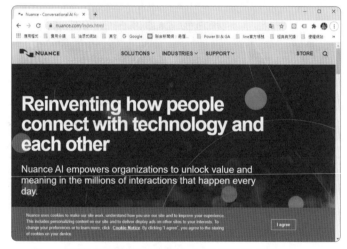

🔍 Siri 技術來自全球第一家上市語音辨識公司 Nuance

8-1-1　語音辨識

　　語音辨識技術也稱為「自動語音辨識」（Automatic Speech Recognition, ASR），目的就是希望電腦聽懂人類說話的聲音，進而命令電腦執行相對應的工作，電腦透過比對聲學特徵，然後以語音交流的方式取代過去的傳統人機互動過程。在這個過程中就跟我們人類平常辨識語音的過程十

分類似，主要可以區分為三個簡單步驟：「聽到，嘗試理解，然後給出回饋」，例如我們對著手機講話，機器也能夠辨認人類的說話內容和文法結構，同時螢幕也會顯示對應的文字。

在我們認識語音辨識技術之前，首先要對「音訊」（Audio Signal）與語音數位化有一定瞭解，因為電腦的任何動作都是採用數位化的語音取樣資料，語音識別的第一步是需要將聲波輸入到電腦。簡單來說，聲音是由物體振動造成，並透過如空氣般的介質而產生的類比訊號，至於一般人耳能夠聽到的聲音，就稱為音訊，這是一種具有波長及頻率的波形資料，以物理學的角度而言，可分為音量、音調、音色三種組成要素。其中音量是代表聲音的大小，音調是發音過程中的高低抑揚程度，可以由阿拉伯數字的調值表示，而音色就是聲音特色，就是聲音的本質和品質，或不同音源間的區別。

TIPS

分貝（dB）是音量的單位，而赫茲（Hz）是聲音頻率的單位，1Hz 為每秒震動一次。

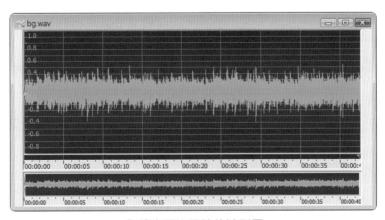

⊙ 聲音類比訊號的波形圖

由於音訊是屬於連續類比訊號，而電腦只能辨識 0 或 1 的數位訊號，所以「語音數位化」則是將類比語音訊號，透過取樣、切割、量化與編碼等過程，將其轉為一連串數字的數位音效檔。語音數位化的最大好處是方便資料傳輸與保存，使資料不易失真。例如 VoIP（Voice over IP，網絡電話）就是一種提升網路頻寬效率的音訊壓縮型態，不過音質也會因為壓縮技術的不同而有差異。由於聲音的類比訊號進入電腦中必須要先經過一個取樣（sampling）的過程轉成數位訊號，這就和取樣頻率（sample rate）和取樣解析度（sample resolution）有密切的關聯。

我們知道利用數字來表示的聲音是斷斷續續，所以將模擬訊號轉換成數字訊號的時候，就會在模擬聲音波形上每隔一個時間裡取一個幅度值，這個過程我們稱之為「取樣」。通常會產生一些誤差，取樣也分為單聲道（單音）或雙聲道（立體聲）。至於取樣頻率，每秒鐘聲音取樣的次數，以赫茲

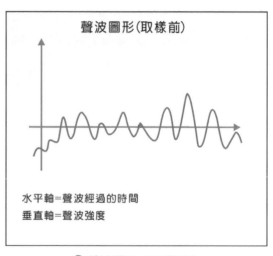

● 聲波圖形（取樣前）

（Hz）為單位。例如各位使用麥克風收音後，再由電腦進行類比與數位聲音的轉換，轉換之後才能儲存在電腦媒體中。取樣解析度決定了被取樣的音波是否能保持原先的形狀，越接近原形則所需要的解析度越高。

　　所以將模擬訊號轉換成數字訊號的時候，就會在模擬聲音波形上每隔一個時間裡取一個幅度值，這個過程我們稱之為「取樣」。在取樣的過程中，這段間隔的時間我們就稱它為「取樣頻率」，也就是每秒對聲波取樣的次數，以赫茲（Hz）為單位。通常人的聲音的頻率大概在 3kHz~4kHz，對於數位訊號的取樣，取樣頻率必須大於來源頻率的兩倍，這個取樣的頻率值越大，表示聲音取樣數越多，失真率就愈小，越接近原始來源聲音，不過所佔用的空間也越大。市面上的音效卡取樣頻率有 8KHz、11.025KHz、22.05KHz、16KHz、37.8KHz、44.1KHz、48KHz 等等，而這個取樣的頻率值越大，則聲音的失真就會越小。常見的取樣頻率可分為 11KHz 及 44.1KHz，分別代表一般聲音及 CD 唱片效果。而現在最新的錄音技術，甚至 DVD 的標準則可達 96KHz。密度愈高當然取樣後的音質也會愈好，不過取樣頻率越高，表示聲音取樣數越多，失真率就愈小，越接近原始來源聲音，不過所佔用的空間也越大。

　　至於「取樣解析度」（sampling resolution）代表儲存每一個取樣結果的資料量長度，以位元為單位，也就是要使用多少硬碟空間來存放每一個取樣結果。如果音效卡取樣解析度為 8 位元，則可將聲波分為 2^8=256 個等級來取樣與解析，而 16 位元的音效卡則有 65536(2^{16}) 種等級。如下圖中切割長條形的密度為取樣率，而長條形內的資料量則為取樣解析度：

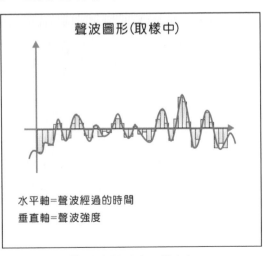

● 聲波圖形（取樣中）

右圖則是將代表聲波的紅色曲線拿掉，內容所表示的長條圖數值就是轉換後音訊數位化的資料。

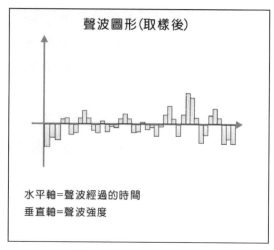

● 聲波圖形（取樣後）

在語音辨識處理過程中，因為人類語言的聲音數據千變萬化，通常假設聲音的特徵是緩慢變化，不過在聲音特徵中，聲音強度的變化是相當重要的訊息，首先電腦必須先輸入我們的聲音，接著將類比資訊轉換為數位音訊，然後進行語音「特徵提取」（Feature Extraction）與「資料標準化」（Feature Scaling），包括音訊的波長、斷句、語調的頓挫等，因為語音訊號的資料量非常龐大，因此必須求取適當的特徵參數，然後將已事先儲存好的聲音樣本與輸入的測試聲音樣本進行比對、分析與判別，例如依照音位（Phoneme）、音節的特徵向量比對，找出機率最大的可能字彙，經過神經網路的判斷及機率分布解讀，再從資料庫抓出機率最大的對應語句，最後推演出文本結果，這樣的過程形成了我們聽到的 AI 流暢對話。

8-1-2 智慧語音助理

隨著語音辨識技術和物聯網不斷的進步，智慧語音助理將很快成為我們與機器互動的主要方式，智慧語音助理就是依據使用者輸入的語音內容、位置感測而完成相對應的任務或提供相關服務，像是查詢天氣、路線、時間、品牌行銷、購物或是尋找附近餐廳等等，所涉及的應用也逐漸從手機跨越到智慧音箱、自駕車、穿戴式裝置、零售和娛樂、智慧

喇叭、智慧家庭系統、商業和醫療應用等,甚至是未來重要的廣告通路網之一,店家或品牌將行銷訊息透過語音助理廣告推播給潛在消費者。

◉ Amazon Echo 使用聲控作為主要人機互動方式

Alexa 可說是結合語音辨識技術的經典案例,2014 年 Amazon 率先推出智慧音箱 Echo。Amazon Echo 能夠真正大受歡迎的原因,主要是 Alexa 連結的服務越來越多元;藉由聲控可以完成許多意想不到的事,包括控制家電、叫車、朗誦新聞、上網買東西、閱讀有聲書等,並大量累積服務經驗與應用場景,讓使用者與智慧裝置間的溝通越來越順暢。

8-2 自然語言

電腦科學家通常將人類的語言稱為自然語言 NL(Natural Language),比如說中文、英文、日文、韓文、泰文等。自然語言最初都只有口傳形式,要等到文字的發明之後,才開始出現手寫形式。任何一種語言都具有博大精深及隨時間變化而演進的特性,這也使得自然語言處理(Natural Language Processing, NLP)範圍非常廣泛,所謂 NLP 就是讓

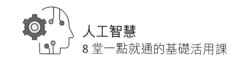
電腦擁有理解人類語言的能力，也就是一種藉由大量的文本資料搭配音訊數據，並透過複雜的數學「聲學模型」（Acoustic model）及演算法來讓機器去認知、理解、分類並運用人類日常語言的技術。

🔵 AI 電話客服也是自然語言的應用之一

圖片來源：https://www.digiwin.com/tw/blog/5/index/2578.html

本質上，語音辨識與自然語言處理（NLP）的關係是密不可分的，不過機器要理解語言，是比語音辨識要困難許多，在自然語言處理（NLP）領域中，首先要經過「斷詞」和「理解詞」的處理，辨識出來的結果還是要依據語意、文字聚類、文本摘要、關鍵詞分析、敏感用語、文法及大量標註的語料庫，透過深度學習來解析單詞或短句在段落中的使用方式，與透過大量文本（語料庫）的分析進行語言學習，才能正確的辨別與解碼（Decode），探索出詞彙之間的語意距離，進而瞭解其意與建立語言處理模型，最後才能有人機對話的可能，這樣的運作機制也讓 NLP 更貼近人類的學習模式。隨著深度學習的進步，NLP 技術的

應用領域已更為廣泛，機器能夠 24 小時不間斷工作且錯誤率極低的特性，企業對 NLP 的採用率更有著顯著增長，包括電商、行銷、網路購物、訂閱經濟、電話客服、金融、智慧家電、醫療、旅遊、網路廣告、客服等不同行業。

8-2-1 Google BERT

BERT 是 Google 基於 Transformer 架構上所開源的一套演算法模型，自從 Google 推出 BERT（Bidirectional Encoder Representations from Transformers）之後，能幫助 Google 更精確從網路上理解自然語言的內容，以往只能從前後文判斷會出現的字句（單向）。現在透過 BERT 能夠預先訓練演算法，雙向地去查看前後字詞，能更深入地分析句子中單詞間的關係，不但會考慮關鍵字的上、下文以理解意義，還有句子的結構及整體內容，進而推斷出完整的上下文，甚至幫助「網路爬蟲」（web crawler）更容易地理解搜尋過程中單詞和上下文之間的細微差別，大幅提升用戶在 Google 搜尋欄提出問題的意圖和真正想找資訊的精確度。

Google 開放 BERT 模型原始碼

TIPS

　　通常搜尋引擎所收集的資訊來源主要有兩種，一種是使用者或網站管理員主動登錄，一種是撰寫網路爬蟲程式主動搜尋網路上的資訊，例如 Google 的 Spider程式與爬蟲（crawler 程式），會主動經由網站上的超連結爬行到另一個網站，並收集該網站上的資訊，並收錄到資料庫中。

🔮 BERT 能幫助 Google 從網路上更精準理解自然語言內容

8-2-2　HTC 的 T-BERT

　　HTC（宏達電）旗下健康醫療事業部 DeepQ 團隊推出新一代 AI 自然語言處理平台命名為 T-BERT（Taiwan Bidirectional Encoder Representations from Transformers），使得電腦能同時三聲道讀聽寫國語、台語及客語，應用兩個關鍵技術：深度學習模型與大數據資料處理的技術，除國語外，T-BERT 訓練也加入台語客語文獻資料，準確度達 93.7%，考慮到現代人厭惡「已讀不回」，疾管家每則訊息都得在 0.5 秒內回應。

HTC 的 AI 自然語言處理平台，能同時用國語、台語與客語溝通

疾管家語音機器人協助民眾掌握疫情與流感資訊

8-2-3 聊天機器人

　　企業過去為了與消費者互動，需聘請專人全天候在電話或通訊平台前待命，不僅耗費了人力成本，也無法妥善地處理龐大的客戶量與資

訊，聊天機器人（Chatbot）則是目前許多店家客服的創意新玩法，背後的核心技術即是以自然語言處理（NLP）為主，利用電腦模擬與使用者互動對話。聊天機器人能夠全天候地提供即時服務，與自設不同的流程來達到想要的目的，也能更精準地提供產品資訊與個人化的服務。這對許多粉絲專頁的經營者，或是想增加客戶名單的行銷人員來說，聊天機器人就相當適用。

以往企業進行行銷推廣時，必須大費周章取得用戶的電子郵件，不但耗費成本，而且郵件的開信率低，而聊天機器人可以直接幫你獲取客戶的資料，例如：姓名、性別、年齡…等臉書所允許的公開資料，驅動更具效力的消費者回饋。

例如在臉書粉絲專頁或 LINE 常見有包含留言自動回覆、聊天或私訊互動等各種類型的機器人，其實這一類具備自然語言對話功能的聊天機器人

❶ 臉書的聊天機器人就是一種自然語言的典型應用

也可以利用 NPL 分析方式進行打造。也就是說，聊天機器人是一種自動的問答系統，它會模仿人的語言習慣，也可以和你「正常聊天」，就像人與人的聊天互動，而 NPL 方式來讓聊天機器人可以根據訪客輸入的留言或私訊，以自動回覆的方式與訪客進行對話，也會成為企業豐富消費者體驗的強大工具。

以下我們就來簡單介紹臉書上相當熱門的聊天機器人—Chatisfy，其全中文介面而且簡單易操作，能整合網路開店功能，當你申請試用

時，會收到 Chatisfy 寄來的電子郵件，協助新使用者管理後台、建立貼文回覆、關鍵字、新增自動客服、上架商品等，想要免費使用，可到它的官網 https://chatisfy.com/ 進行申請。

Chatisfy 官方網站，按此立即免費試用

　　當各位進入 Chatisfy 的管理後台後，通常會先看到如下的空白頁面，讓用戶自訂所需的機器人。

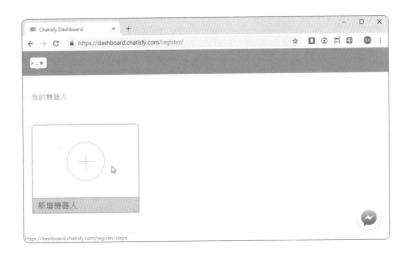

　　新增機器人時會經過三個步驟，包括「連接粉絲團」、「新增機器人」、「設定幣值與時區」等，如下圖所示。

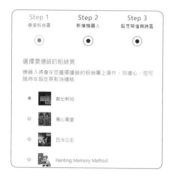

　　完成如上設定之後，下回進入後台就可以看到你所自訂的機器人，點選即可進入機器人的編輯狀態。

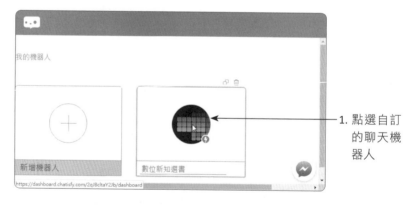

1. 點選自訂的聊天機器人

2. 進入自訂的聊天機器人視窗，這裡提供各種的功能按鈕

如果想要讓聊天機器人可以自動回應粉絲，各位可以利用上方的「自動回應」鈕來建立，點選之後就會看到「歡迎訊息」的視窗。

1. 按「自動回應」鈕

2. 由此輸入歡迎訊息

商家可以在方框中輸入歡迎的文字內容，如果想要加入訪客的姓名也沒問題，按下右下角的「+」鈕，就可將「姓氏」或「名字」加入歡迎訊息中。如果想要提供訪客進行選項的選擇，可按下「+ 按鈕」，再從新增的按鈕中輸入想要出現的按鈕文字。

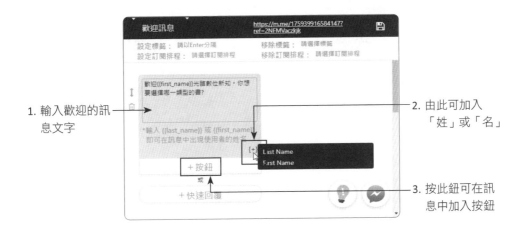

1. 輸入歡迎的訊息文字

2. 由此可加入「姓」或「名」

3. 按此鈕可在訊息中加入按鈕

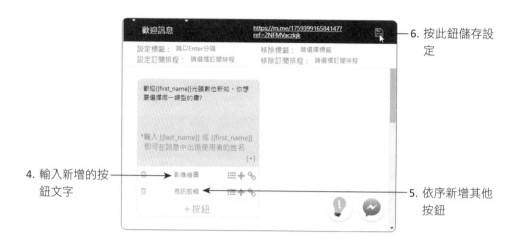

6. 按此鈕儲存設定

4. 輸入新增的按鈕文字

5. 依序新增其他按鈕

當商家建立如上的歡迎訊息，並完成儲存的動作後，一旦有其他訪客進入商家的粉絲專頁並按下「發送訊息」鈕，聊天機器人就會自動開啟 Messenger 視窗，只要訪客按下「開始使用」鈕，就會進入自訂的聊天機器人畫面。

2. 跳出 Messenger 視窗，訪客按下「開始使用」鈕

1. 訪客進入粉絲專頁，按下此鈕發送訊息給商家

顯示商家所自訂的歡
迎訊息內容與按鈕

8-3 影像辨識

　　近年來由於社群網站和行動裝置風行，加上萬物互聯的時代無時無刻產生大量的數據，使用者瘋狂透過手機、平板電腦等，在社交網站上大量分享各種資訊，許多熱門網站擁有的資料量都上看數 TB（Terabytes，兆位元組），甚至上看 PB（Petabytes，千兆位元組）或 EB（Exabytes，百萬兆位元組）的等級，其中有一大部份是數位影像資料，影音資訊的加值再利用將越來越普及，透過大量已分類影像作為訓練資料的來源，這也提供了影像辨識很豐富的訓練素材。

　　影像辨識技術早期是從「圖像識別」（pattern recognition）演進而來，也是目前深度學習應用最廣泛的領域，以往需要人工選取特徵再進行影像辨識，透過深度學習技術就可透過大量資料進行自動化特徵學習，兩者結合可應用於生活中各種面向，可有效協助傳統上需要大量人

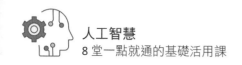
力的工作，影像辨識已經衍生出多項應用，包括智慧家居、動態視訊、無人駕駛、品管檢測、無人商店管理、安全監控、物流貨品檢核、偵測物件、醫療影像等。

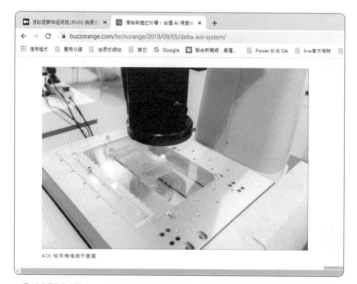

🔘 機器影像辨識已逐漸取代人力成為工廠瑕疵檢測的利器

圖片來源：https://buzzorange.com/techorange/2019/09/05/delta-aoi-system/

8-3-1　自駕車

自動駕駛是現在非常熱門的話題，隨著感測與運算技術的快速推進，無人操作的自駕車系統取得了越來越驚人的進展，使得汽車從過去的封閉系統轉變成能與外界溝通的智慧型車輛，自駕車開始從實驗室測試轉向在公共道路上駕駛。自動駕駛是一種自主決策智慧系統，並不是一個單純一個技術點，而是許多尖端技術點的集合，其中深度學習是自駕車的技術核心，首要任務是瞭解周圍環境，必須使用真實世界的數據來訓練和測試自動駕駛組件。

🔾 特斯拉公司積極開發自駕車人工智慧系統

🔾 自駕車必須即時處理內外環境的多元觀測數據

　　自駕車為了達到自動駕駛的目的以及在道路上行車安全，必須透過影像辨識技術來感知與辨識周圍環境、附近物件、行人、可行駛區域等，並判斷周遭物件的行為模式，從物件分類、物件偵測、物件追蹤、行為分析至反應決策，更能精準處理來自不同車載來源的觀測流，如照

相機、雷達、攝影機、超聲波傳感器、GPS 裝置等，使自駕車能夠利用自動辨識前方路況，並做出相對應減速或煞車的動作，以達到最高安全的目的。目前利用「卷積神經網路」（CNN）來進行視覺的感知是自駕車系統中最常用的方法，可用來協助 AI 加速完成學習推論感知周遭環境，擁有較高容錯能力與適合複雜環境，然後不斷透過演算法從資料和訓練中學習，讓自駕車愈來愈能夠適應環境且不斷擴展其能力，事實上，即便是目前允許上路的自駕車也持續不斷被用來收集大數據，用來改進下一代自動駕駛汽車的技術。

💡 Google 的 Waymo 自駕車在加州實際路測里程數稱霸業界

圖片來源：https://technews.tw/2018/08/27/a-day-in-the-life-of-a-waymo-self-driving-taxi/

特斯拉（Tesla）長期深耕自駕領域，自 2014 年推出輔助駕駛系統，透過系統來獲取行駛資料，經不斷更新後，逐步朝向全自動駕駛目標邁進。由於特斯拉公司向來在自駕車領域不斷吸引頂尖人工智慧人才，而 DeepScale 是矽谷一家專注於自動駕駛感應技術的公司，可以利用低功率處理器就能成功運作非常精準的電腦視覺，特斯拉公司也將收購新創公司 DeepScale，期望幫助其兌現未來打造全自動駕駛車的諾言。

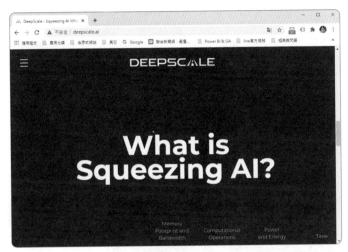

📍 特斯拉公司為了發展自駕車系統，買下新創公司 DeepScale

8-3-2　智慧無人商店

　　Amazon 是全球電子商務網站的先驅與典範，除了擁有幾百萬種多樣商品之外，成功的因素不只是懂得傾聽客戶需求，而且還不斷努力提升消費者購買動機，在 AI 應用領域的創新作法也沒有缺席。

　　Amazon 針對手機 App 購物者，不但推出限定折扣優惠商品，並在優惠開始時推播提醒訊息到消費者手機，同時結合商品搜尋與自定客製化推薦設定等功能，透過各種行銷措施來打造品牌印象與忠誠度。近年來更推出智慧無人商店 Amazon Go，不但結合影像辨識技術，並搭配多種環境感測器

📍 Amazon 推出的智慧無人商店 Amazon Go

（Sensor Fusion），打造出一套結合電腦視覺的影像辨識系統，能自動偵測商品，以及追蹤消費者在店內所有移動路徑與活動，最大特色是完全看不到排隊人潮，也不用結帳櫃台，只有入口處設置自動閘門管控人員出入。

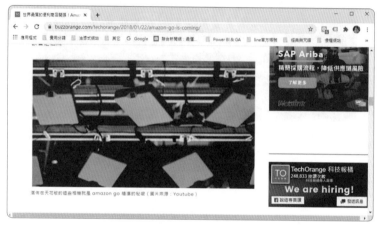

● 天花板上架著一排又一排的「天眼」般相機

圖片來源：https://buzzorange.com/techorange/2018/01/22/amazon-go-is-coming/

顧客只要下載 Amazon Go 專屬 App，當走進 Amazon Go 時，「嗶」一聲打開手機 App 感應，店內的相機能夠自動追蹤與辨識你拿取的商品，在店內不論選擇哪些零食、生鮮或飲料都會感測到，掌握你進門後的一舉一動，然後自動加入購物車中，除了在行動平台上進行廣告外，更可以透過 App 作為最前端的展示，甚至等到消費者離開時手機立即自動結帳，直接透過購物車裡的攝像頭檢測所買的物品，在你走出超市的那一刻自動從 Amazon 帳號中扣款，手機上也會同步收到帳單通知，也能即時查閱購物明細，不僅讓客戶免去大排長龍之苦，還能享受「拿了就走」的快速流暢的消費體驗。

Q & A 討論

1. 請問語音辨識技術的目的是？

2. 何謂語音數位化？語音數位化有什麼好處？

3. 以物理學的角度而言，聲音有哪些組成要素。

4. 何謂取樣解析度（sampling resolution）？

5. 請說明取樣的原理。

6. 請簡述語音辨識的過程。

7. 何謂自然語言處理（NLP）？

8. 搜尋引擎所收集的資訊來源有哪幾種？

9. 請簡介聊天機器人（Chatbot）。

10. 自駕車為了達到自動駕駛的目的以及在道路上行車安全，必須做哪些工作？

MEMO